Affinity

アフィニティ

V2
対応

の教科書

堀江ヒデアキ

JN073210

BNN
Bug News Network

本書について

○ 本書は、2023年3月時点で最新版であるAffinity（バージョン2.0.4）を使用して解説しています。ソフトウェアはバージョンアップされる場合があり、本書での説明と機能内容や操作が異なる場合があります。

○ 本書に記載された内容は情報の提供のみを目的としています。本書の運用についてはお客様自身の責任と判断により行ってください。運用の結果や影響に関しては、株式会社ビー・エヌ・エヌ及び著者は責任を負いかねますのでご了承ください。

○ 本書はMac OS 13.3.1を使用して解説しています。

○ 本書はAdobe Stockの写真素材を使用しています。

○ 本書は機能が対応しているソフトウェアをアイコンで表示し、左からAffinity Designer / Photo / Publisherを示しています。解説に使用していないソフトウェアでは操作に違いがある場合があります。

Affinity Designer / Photo / Publisherの動作に必要なシステム構成

Windows

- マウスまたはこれに相当する入力デバイスを備えたWindowsベースPC（64ビット）
- DirectX 10以上互換のグラフィックスカード
- 8GB以上のRAM推奨
- 各ソフトウェアに1GBのハードドライブ空き容量（インストール時はそれ以上の容量が必要）
- 1280x768px以上のディスプレイサイズ
- Direct3Dレベル12.0対応カード
- Windows11/10

Mac OS

- Appleシリコン（M1/M2）チップまたはIntelプロセッサを搭載したMac
- 8GB以上のRAM推奨
- 各ソフトウェアに最大2.8GBのハードドライブ空き容量（インストール時はそれ以上の容量が必要）
- 1280x768px以上のディスプレイサイズ
- macOS 13〜10.15

はじめに

本書はグラフィック総合ソフト「Affinity」シリーズ（Affinity Designer、Affinity Photoおよび Affinity Publisher）をはじめて使う方を対象とした入門書です。Affinityは2014年に新世代のデザインツールとしてMac版がリリースされました。その後Windows版、iPad版とリリースされ、デバイス・OSに依存しない一環した画像制作を行える環境が作られ、2022年11月には大型アップデートとなるV2がリリースされました。

Affinityシリーズは買い切り型のソフトウェアです。現在の主流であるサブスクリプション方式と違い、一度購入するとそのまま継続利用ができ、バージョンアップなども無料で行えます。導入のコストが低いので、デザインに興味を持った方にとって、最初のステップとして本ソフトウェアは有用であると思います。

本書では機能ごとの解説は「Lesson」として分かれています。操作手順を覚えることで、Affinityというグラフィックソフトで何ができるかについて、そのプロセスを学んでいきましょう。すべてを丸暗記して覚える必要はありません。自分の制作に合わせ、必要に応じて確認しながら、やりやすいように読み進めてもらって問題ありません。

本書の項目を学習することで、デザインの世界へ入門するお手伝いになれれば幸いです。デザインのはじめの一歩として、本書で知識を深めていただければ嬉しく思います。

2023年3月　堀江ヒデアキ

CONTENTS
目次

Chapter 10 特殊な効果を加えよう

Chapter 11 本を作ろう

Chapter 12 図形・文字・写真をデザインしよう

Chapter 13 実践 レイアウトをしよう

Special ダウンロード特典

Chapter 1

Affinityをはじめよう

まずはじめにAffinityというソフトがどういうものなのかを解説します。Designer / Photo / Publisherという3種類のソフトの違いは何かについて、その概要を見てみましょう。

Affinity とは何か

Affinity をはじめて知った方や、名前だけを知っているという方に向けて、
まずは Affinity がどういうソフトであるか、簡単に紹介します。

Affinity とはどういうソフトなのか

Affinity はイギリスに拠点を持つ Serif 社が開発した、デザインを行うためのソフトウェアの名称です。プロのニーズに基づいて開発され、非常に多機能でありながら、最新のハードウェアに合わせた設計がされており、高速な動作が行えます。

Affinity は「Affinity Designer」「Affinity Photo」「Affinity Publisher」という機能が違う3つのソフトに分かれています。さらにデスクトップ版（Win / Mac）だけでなく iPad 版アプリもあります。

https://affinity.serif.com/ja-jp/

POINT

Affinity V2 ユニバーサルライセンス

Affinity には Windows と Mac 版、また iPad 版にそれぞれ3種類のソフトがあります。複数のデバイスで複数のソフトを使いたい際は「Affinity V2ユニバーサルライセンス」がお得です。単体で買うよりも安く、すべてのソフトを利用することができます。執筆時の価格は「24,440円」で、単体の場合は、各「10,400円」です。

Affinity 購入前に試用も可能

Affinity には30日間すべてのソフトと機能を試すことができる「Affinity V2ユニバーサルライセンス30日間無料試用版」があります。購入を悩んでいるとき、また自分の PC や iPad で動作確認をしたいときなどは、まず試用版をお試しください。

Affinityでできること

Affinityは3種類のソフトに分かれています。す
べてデザインを行うためのツールのため、共通し
ている機能も多くありますが、得意分野がそれぞ
れ違っており、特化している機能が異なります。
主に次の用途で使用されています。

Affinity Designer

- ポスターの作成
- チラシの作成
- ページ数の少ない印刷物の作成
- ロゴの作成
- イラストの作成
- Webデザインの作成
- UIデザインの作成

Affinity Photo

- 写真の色調補正
- 写真のレタッチ
- 写真の切り抜き
- 写真の合成
- 写真の現像
- イラストの作成

Affinity Publisher

- 書籍の作成
- 雑誌の作成
- カタログの作成
- ページ数の多い印刷物の作成
- Webモックアップの作成
- UIモックアップの作成

Affinityを利用する上での注意点

Affinityは2023年3月現在、日本のデザイン制作の環
境に向けたローカライズが完璧ではありません。今後
のアップデートにより改善されるかもしれませんが、
現状のバージョンでは他のデザインソフトウェアに搭
載されている機能が搭載されていないことや仕様が違
うことがあります。

- 縦書き用のツールがなく縦書きに対応できない。
- 日本式のトンボ（トリムマーク）を作れない。
- プリセットにあるB版がISO基準のため、日本で使われ
  ているJIS基準のものとサイズが違う。
- 右開きの書籍制作に対応していない。

- DICカラーのカラーパレットが標準で備わっていな
  い。
- Pressプリセットのカラー設定の初期状態が、北米
  で使われている「U.S. Web Coated (SWOP) v2」と
  なっている。

Affinity Designerでできること

Affinity Designerについて、基本的な機能の紹介とワークスペースの説明をします。
ワークスペースの内容は今後の解説にも度々使われるので、覚えておきましょう。

なんでも作れるハイブリッドソフト「Affinity Designer」

　ソフト名同様にAffinity Designerはデザインを行う
ためのソフトウェアです。デザインを行うとひとこと
で言ってもその作業は多岐にわたります。映画やアニ
メのタイトルロゴを作るのも、街頭広告のポスターや
チラシを作るのも、インターネットのWebサイトを作
るのもデザインです。Affinity Designerはそれらを行う
ための機能が幅広く集約されており、デザインに必要
な基本的な作業はこのソフトウェアだけで行うことが
できます。

　Affinityをはじめて使う方は、まずこちらのソフトを
利用することをおすすめします。

拡大・縮小自由自在のベクターグラフィックス

　Affinity Designerはドロー系ソフトに分類され、ツー
ルを利用して作られる画像や文字はベクターグラフィ
ックス（ベクター画像）という形式になります。

　ベクターグラフィックスはPCの複雑な計算式で表示
される画像の形式で、計算で作っているため拡大・縮
小などサイズを変更しても画像の解像度は変わらず、
きれいな状態を維持することができます。

Affinity Designer ワークスペース

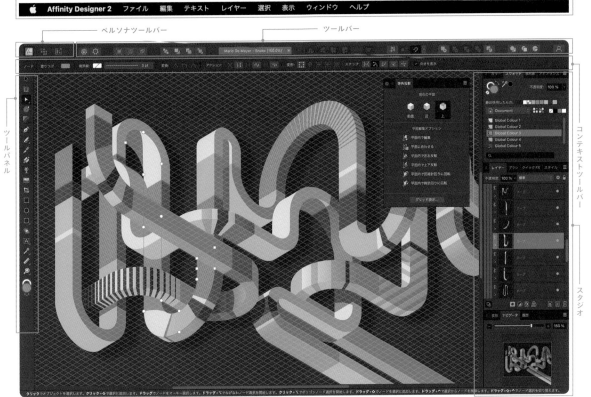

メニューバー

ファイルの読み込みや保存といったファイル全体に関わる基本操作や、画像に対して行う処理方法の選択など、Affinity Designerの機能を一覧し実行ができるスペース。

ペルソナツールバー

作業ツールを切り替えるスペース。
Affinity Designerでは「デザイナー」「ピクセル」など扱う画像形式ごとに機能が分かれています。

ツールバー

使用頻度の高いツールや機能へのショートカットを集約できるスペース。

コンテキストツールバー

現在使用しているツールで使用できるオプションを表示するスペース。

ツールパネル

様々なツールが格納されているスペース。基本的にこちらのツールを利用してアートワークを行います。

スタジオ

使用頻度の高いツールや機能へのショートカットを集約できるスペース。左右にスペースがありパネルをカスタマイズして格納できます。

Affinity Photoでできること

Affinity Photoについて、基本的な機能の紹介とワークスペースの説明をします。
Affinity Designerとの違いについて覚えておきましょう。

写真の編集に特化した「Affinity Photo」

Affinity Photoは写真を加工すること（レタッチ）に特
化したソフトウェアです。「撮影した風景写真が暗かっ
たので明るくしたい」「写真の背景を切り抜いて人物だ
け取り出したい」「宇宙にいるかのように合成したい」
など、写真をより良い状態に編集することに適してい
るソフトウェアです。

一眼レフカメラなどで撮影する方には馴染みのある
RAWデータにも対応しているので、現像から編集まで
の作業を一括で行うことができ、より高品質な写真を
生成することができます。

四角いピクセルの集合でできているビットマップグラフィックス

Affinity Photoで主に扱うのはビットマップグラフィ
ックス（ビットマップ画像）という形式になります。画
面を拡大すると多くの四角いピクセルの集合で画像が
できていることがわかります。ピクセルごとに色の情
報が違うため、ベクターグラフィックスよりもより精
密な画像が作れます。しかしサイズ変更には弱く、元
のサイズから極端に拡大してしまうと画像が劣化して
しまうので、注意が必要です。

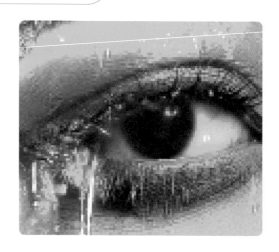

Affinity Photo ワークスペース

メニューバー

ファイルの読み込みや保存といったファイル全体に関わる基本操作や、画像に対して行う処理方法の選択など、Affinity Photo の機能を一覧し実行ができるスペース。

コンテキストツールバー

現在使用しているツールで使用できるオプションを表示するスペース。

ペルソナツールバー

作業ツールを切り替えるスペース。Affinity Photo では「ゆがみ」「現像」「トーンマッピング」など写真の加工ごとに機能が分かれています。

ツールパネル

様々なツールが格納されているスペース。基本的にこちらのツールを利用してアートワークを行います。

ツールバー

使用頻度の高いツールや機能へのショートカットを集約できるスペース。

スタジオ

使用頻度の高いツールや機能へのショートカットを集約できるスペース。左右にスペースがありパネルをカスタマイズして格納できます。

Affinity Publisherでできること

Affinity Publisherについて、基本的な機能の紹介とワークスペースの説明をします。
各ソフトウェアを統括するStudio Linkの機能も覚えておきましょう。

本などのページ数の多い制作に役立つ「Affinity Publisher」

Affinity Publisherは主に本や雑誌やカタログなど、ページ数の多い印刷物を制作するのに役立つソフトウェアです。印刷物はAffinity Designerでも作れますが、雑誌のように文字や画像の数が多くなってくると、Affinity Designerだけでは管理が煩雑になってきます。

Affinity Publisherはそのような多くの画像やテキストの管理が楽になり、レイアウトをスムーズに進行させるためのツールが多く備わっています。

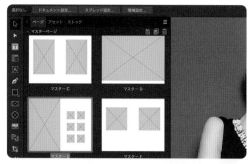

Affinityのすべての機能が利用できる「Studio Link」

Affinity Publisherでレイアウトした写真をもう一度加工したいとき、従来はAffinity Photoで写真を加工し直し、画像を読み込む必要がありました。Affinity PublisherにはStudio Linkという、Affinity Publisher上でAffinity DesignerやAffinity Photoを操作できる機能があり、ソフトウェアを切り替えなくても他の機能を扱うことができます。この機能を使用するためにはAffinity PhotoとAffinity Designerを保有している必要があります。

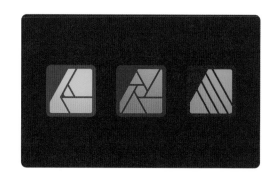

Affinity Publisher ワークスペース

メニューバー

ファイルの読み込みや保存といったファイル全体に関わる基本操作や、画像に対して行う処理方法の選択など、Affinity Publisher の機能を一覧し実行ができるスペース。

コンテキストツールバー

現在使用しているツールで使用できるオプションを表示するスペース。

ペルソナツールバー

作業ツールを切り替えるスペース。
Affinity Publisher には Studio Link という機能が備わっており、他の Affinity ソフトウェアの機能を呼び出すことができます。

ツールパネル

様々なツールが格納されているスペース。基本的にこちらのツールを利用してアートワークを行います。

ツールバー

使用頻度の高いツールや機能へのショートカットを集約できるスペース。

スタジオ

使用頻度の高いツールや機能へのショートカットを集約できるスペース。左右にスペースがありパネルをカスタマイズして格納できます。

Affinity iPad 版

　Affinity には Windows / Mac のデスクトップ版に加え、iPad 版シリーズがあります。こちらも Designer / Photo / Publisher の3種類があり、デスクトップ版と同様の機能が備わっています。デバイスの違いを意識することなく、シームレスに操作できるのも Affinity の魅力です。

　Affinity iPad 版の特徴として、Apple Pencil に対応しているので各種ブラシツールを使い、画面上に直接ペイントができます。またキーボードやマウスの代わりとなる「タッチジェスチャ」や「コマンドコントローラー」という操作を補助する機能も備わっています。

　外出先で iPad 版 Affinity を利用し作業を行い、自宅でデスクトップ版にデータを渡して続きを行うことも容易です。ニーズに合った利用の切り替えが可能です。

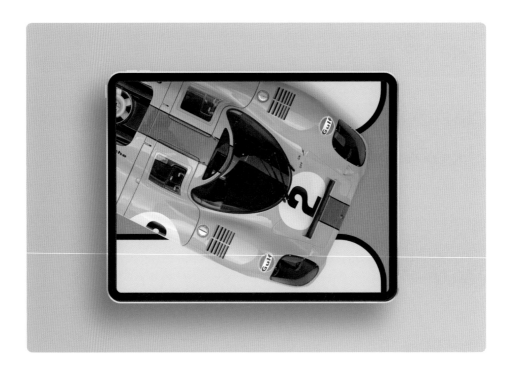

Chapter 2

Affinity の
基本操作を覚えよう

まずは起動からファイルの操作、保存・終了までの一連の流れ
を覚えていきましょう。この基本的な操作は、Affinity Designer
/ Photo / Publisher 共通となります。

ワークスペースの基本操作

Affinityシリーズは、ワークスペースにある多様なツールを用いて作業を行います。
ここではワークスペースの基本的な操作方法について紹介します。

ツールパネルを操作する

ここではAffinity Designerを使い説明していきます。操作方法はPhoto / Publisherも基本的な部分は同様です。

まずはツールパネルから操作していきましょう。ツールパネルはデザインを作るためによく使用する機能が格納されているパネルで、通常画面の左側に配置されています。

必要に応じたツールをクリックすることでマウスカーソルが変わり、それぞれのツールを利用することができます。

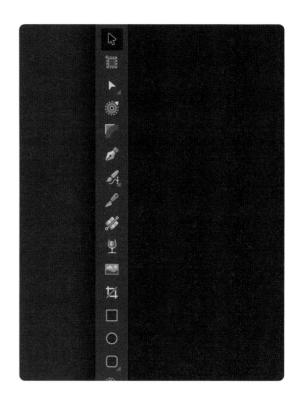

格納されたツールを展開する

右下に三角のマークがついているツールアイコンは、マウスをクリックし長押しすることで類似した別のツールに切り替えることができます。必要に応じてツールを切り替えつつ操作していきましょう。

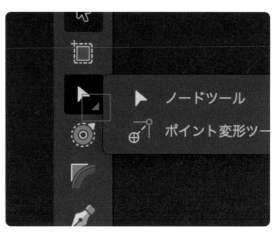

ペルソナを切り替える

デザインや写真補正など特定の作業を行う
ために必要な機能のグループのことをAffinity
ではペルソナと呼びます。ペルソナは画面上
部にあるペルソナツールバーからそれぞれの
ペルソナを選択し切り替えることができます。

ツールのドッキングを解除する

ツールは画面にドッキングされた状態にな
っていますが、設定により切り離すことがで
きます。メニューにある「表示」→「ツール
をドッキング」を選択することでドッキング
を解除し、ツールパネルを切り離すことがで
きます。

デュアルディスプレイのような環境で制作
する場合はツールを切り離し、一つの画面に
ツールをまとめることでドキュメントを広く
取ることができます。

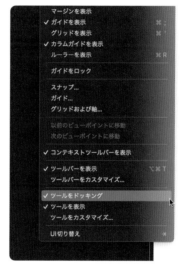

POINT

ツールのカスタマイズ

メニューにある「表示」→「ツールをカスタ
マイズ」を選択することでカスタマイズ用の
パネルが表示され、ツールの種類や順番、列
数などをカスタマイズすることができます。
自分の作業に合わせた独自のツールパネルを
作成することができます。

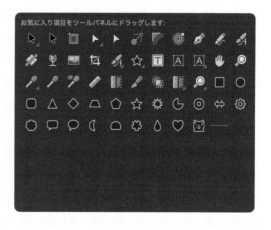

パネルのドッキングを解除する

　Affinity は詳細な設定を行うパネルがたくさんあり、それぞれの機能の集まりを「**スタジオ**」と呼びます。初期状態では画面右側に集まっています。パネルはタブ式になっており、タブを切り替えることで機能を呼び出せます。

　パネルはスタジオに格納されていますが、タブをクリックしスタジオ外にドラッグすることで、ドッキングを解除し、パネルを独立して表示させることができます。

パネルのメニューを表示する

　各パネルには追加の設定を行うためのボタンが配置されています。それぞれのパネルによって内容が異なりますが、主に右上にメニュー項目を表示させるボタンがあり、クリックすることでメニューを表示させることができます。

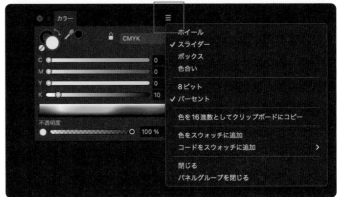

スタジオを拡張する

　スタジオは右側だけでなく、ツールパネル横の箇所にも左スタジオが設けられています。独立したパネルを画面左部にドラッグすると青い枠線が表示されるので、その状態でドロップすると左スタジオに格納されます。

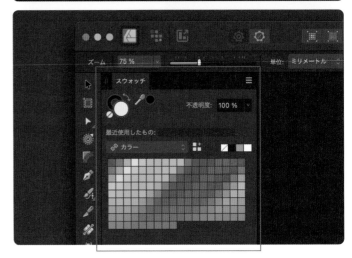

ツールバーの操作を行う

使用頻度が高い機能については画面上部にアイコンが並んでおり、こちらを選択することでその機能を利用することができます。ツールパネルと同様にペルソナによって使用する機能も変わり、ツールバーの内容も変化します。

アイコンだけでは機能が判別できない場合、マウスオーバーするとヒントが表示されます。

コンテキストツールバーの操作を行う

ツールバーの下側には現在使用しているツールのオプションを表示するコンテキストツールバーがあります。選択しているオブジェクトの色やフォントの種類など、各種パネルにアクセスしなくても設定できるようになっています。

POINT

ツールバーのカスタマイズ

メニューにある「表示」→「ツールバーをカスタマイズ」を選択することでツールバーの機能や配置や順番をカスタマイズすることができます。自分の作業に合わせた独自のツールバーを作成しましょう。

LESSON 2

新規ドキュメントの作成

作業はドキュメントを作成するところからはじまります。
メニューからドキュメントを作成し、設定するまでのフローを紹介します。

メニューから新規ドキュメントの作成をする

新規ファイルを作成するにはメニューバー「ファイル」→「新規」を選択しましょう。ショートカットキーの「⌘ キー + N キー（Windowsでは ctrl キー + N キー）」を覚えておくと便利です。画面が切り替わり「新規ドキュメントダイアログ」が表示されます。

新規ドキュメントダイアログからファイルを作成する

「新規ドキュメントダイアログ」では、ドキュメントのサイズ・解像度・カラーモードなどを設定できます。用紙やディスプレイ画面などの規定サイズはプリセットが用意されているので、左側にあるリストから制作するサイズとドキュメントの向きを選択し、「作成ボタン」を押すことでドキュメントが作成できます。

(1) ドキュメントの向きを決めます。

(2) プリセットリストから制作したい用紙・ディスプレイのサイズを決めます。

(3) 作成ボタンを押します。

ドキュメントの詳細設定を行う

Affinity は海外の環境に適しているため、日本の印刷環境に不向きな設定があります。例えば日本はB5サイズが「182×257mm」になりますが、Affinity のプリセットにあるB5サイズは規格が違うため「176mm×250mm」になっています。必要に応じてドキュメントの設定を変更しましょう。

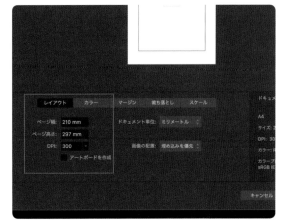

1 レイアウトタブにあるページ幅・ページ高さを制作したいサイズに合わせます。

2 DPI（解像度）を決めます。印刷の場合は「300〜350dpi」あれば大丈夫です。

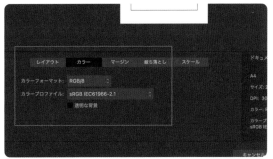

3 カラータブにあるカラープロファイルを必要に応じて設定します。

印刷目的の場合はカラーフォーマット「CMYK/8」、カラープロファイル「Japan Color 2001 Coated」。

Webや映像制作の場合はカラーフォーマット「RGB/8」、カラープロファイル「sRGB IEC61966- 2.1」が一般的です。

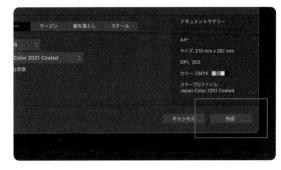

4 作成ボタンを押します。

POINT

ドキュメントサンプル

ドキュメントダイアログには「サンプル」という項目があり、クリエイターたちがAffinityで制作した作品のデータを見ることができます。レイヤーの状態もそのまま見れるので、作品作りの参考になります。

LESSON 3

ファイルを保存・再開する

制作したドキュメントをファイルとして保存します。
保存したデータの続きから作業を行う方法も覚えていきましょう。

ファイルを保存する

　ファイルを保存するにはメニューバー内「ファイル」→「保存」を選択します。定期的に使うのでショートカットキーの「⌘ キー + S キー（Windowsでキーは ctrl キー + S キー）」を覚えておきましょう。

　はじめて保存すると「保存ダイアログボックス」が表示されるので、「ファイル名」と「保存先」を決め「保存ボタン」を押してください。選択した場所に Affinity のデータが保存されます。

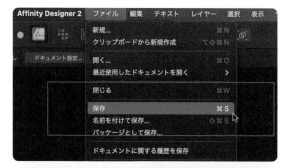

保存したファイルを開き再開する

　すでに保存済みのデータを利用して作業を再開する場合はメニューバーの「ファイル」→「開く」を選択しましょう。ショートカットキーは「⌘ キー + O キー（Windowsでは Ctrl キー + O キー）」になります。

　また最近利用したデータはメニューバーの「ファイル」→「最近利用したドキュメントを開く」を選ぶと直前の作業データがリスト化されているので、ファイル名を選択するだけで開くことも可能です。

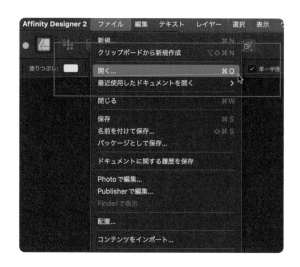

Chapter 3

いろいろな図形や
線を描こう

基礎的なツールを使い、ドキュメントにかんたんな図形を描い
ていきましょう。ツールによってどのような図形が描けるかを
把握することで、ツールを組み合わせ、思い描くオブジェクト
を作ることができます。この章ではAffinity Designerを使用し
解説します。

かんたんな図形を描く

かんたんな図形を組み合わせるだけでも、面白いグラフィックを作ることができます。
ここでは基本的な図形の描き方を練習していきましょう。

長方形（正方形）を描く

まずは長方形の図をドキュメントに描いてみま
しょう。

1 ツールパネルから「長方形ツール」を選択
します。

2 マウスカーソルが十字カーソルに変わっ
たのを確認し、ドキュメント上にマウスカ
ーソルを移動します。

3 ドキュメント上でマウスをクリックし、ドラ
ッグするとマウスを追従する形で長方形
が作られます。このときに shift キーを
押しながらドラッグすると、縦横のサイズ
が固定され、正方形が作られます。

POINT

ショートカットキーの組み合わせ

シェイプツールを利用する際にキーボードの
ショートカットキーを組み合わせて操作する
ことが多々あります。使用頻度が高い、右の
3点の操作方法は覚えておきましょう。

shift キー + ドラッグ = 縦横のサイズを固定

⌘ キー + ドラッグ = マウスの中心から描画

shift キー + ⌘ キー + ドラッグ = 縦横のサイズ
を固定しつつ中心から描画

楕円形（正円形）を描く

続いて楕円形の図をドキュメントに描いていきましょう。

1 ツールパネルから「楕円ツール」を選択します。

2 マウスカーソルが十字カーソルに変わったのを確認し、ドキュメント上にマウスカーソルを移動します。

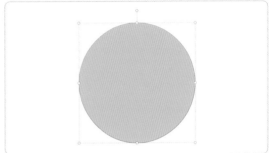

3 ドキュメント上でマウスをクリックし、ドラッグするとマウスを追従する形で楕円形が作られます。このときに shift キーを押しながらドラッグすると、縦横のサイズが固定され、正円形が作られます。

コンテキストツールバーを使い形を変換する

作られた長方形や円形はコンテキストツールバーを利用し形を調整することができます。ここでは円形をドーナツ形に変形してみましょう。

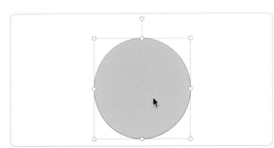

1 移動ツールをツールパネルから選び、円形を選択する。

2 コンテキストツールバーが変化したことを確認し「ドーナツ形に変換」ボタンを押す。

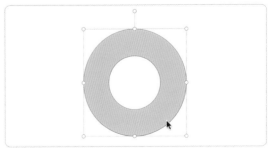

3 ドキュメントの円形がドーナツ形に変形します。コンテキストツールバーにある数値を変えることで、ドーナツのサイズを調整することもできます。

特殊な図形を描く

円や長方形以外にも、Affinity Designerでは多くの作成ツールが備わっています。
いくつかの定形シェイプを利用し、特殊な図形を描いていきましょう。

角が丸まった長方形（正方形）を描く

角の丸まった柔らかい長方形を作っていきましょう。

1 ツールパネルから「角丸長方形ツール」を選択します。

2 マウスカーソルが十字カーソルに変わったのを確認し、ドキュメント上にマウスカーソルを移動します。

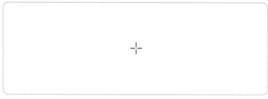

3 ドキュメント上でマウスをクリックし、ドラッグするとマウスを追従する形で角丸の長方形が作られます。このときに shift キーを押しながらドラッグすると、縦横のサイズが固定され、正方形が作られます。

コンテキストツールバーを組み合わせ形を変える

コンテキストツールバーを利用して角丸の形を変更することができます。「コーナー」にある数値を増やすとより丸みが増し、メニューから角の形を変更することができます。

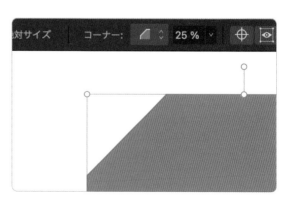

多角形（正多角形）を描く

　多角形を作るには「ポリゴンツール」を使います。表示されていない場合はツールパネルを展開して選択してください。

① ツールパネルから「ポリゴンツール」を選択します。

② マウスカーソルが十字カーソルに変わったのを確認し、ドキュメント上にマウスカーソルを移動します。

③ ドキュメント上でマウスをクリックし、ドラッグするとマウスを追従する形で多角形が作られます。 shift キーを押しながらドラッグすると縦横のサイズが固定され、正多角形が作られます。

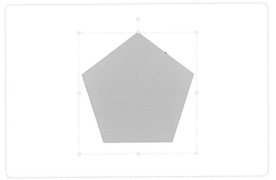

コンテキストツールバーを組み合わせ形を変える

　ポリゴンツールは「辺の数」を増やすことで五角形・六角形・七角形と作ることができます。また「カーブ」を増減することで、辺の直線を曲げることができます。

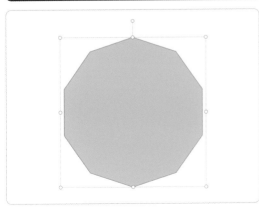

星形を描く

　星形を描くには「星形ツール」を使います。表示されていない場合はツールパネルを展開して選択してください。

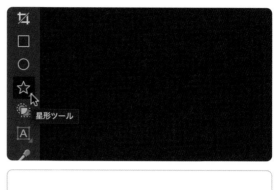

1 ツールパネルから「星形ツール」を選択します。

2 マウスカーソルが十字カーソルに変わったのを確認し、ドキュメント上にマウスカーソルを移動します。

3 ドキュメント上でマウスをクリックし、ドラッグするとマウスを追従する形で星形が作られます。shift キーを押しながらドラッグすると、縦横のサイズが固定された星形が作られます。

4 コンテキストツールバーから「頂点の数」や「内径」を変えることで星の形を調整していきます。内径の数字が増減することで直線の角度が鋭角・鈍角に変わり、星形を変形できます。

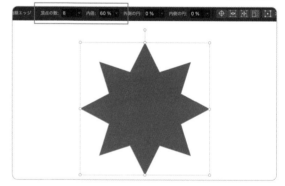

POINT

他にも多くの定形シェイプがあります

矢印を作る「矢印ツール」や歯車を作る「歯車ツール」、吹き出しを作る「吹き出しツール」やハート形を作る「ハート形ツール」など他にも多くの定形シェイプがあり、コンテキストツールバーの数値を変更することで様々な形を作ることができます。

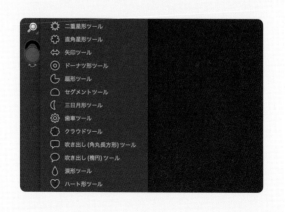

LESSON 3

ペンツールで特定の図形を描く

シェイプにはない図形を描くためにペンツールがあります。
はじめは操作に手間取ると思いますが、練習して覚えると非常に強力なツールになります。

ペンツールで直線を描く

定形のシェイプにはない形を作るためには「ペンツール」
を利用することで、オリジナルの形を作ることができます。

1 ツールパネルから「ペンツール」を選択します。

2 マウスカーソルがペンカーソルに変わったのを確認
し、ドキュメント上にマウスカーソルを移動します。

3 ドキュメント上でクリックをすると、クリックした箇
所が直線の始点になり、青い四角の表示されます。

4 続いてドキュメントの違う位置でクリックをすると、
始点の位置からクリックした位置まで直線が作られ
ます。

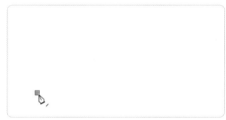

5 最後にクリックした位置が新しい始点になりますの
で、違う場所を再度クリックすると先程の位置から
クリックの位置まで新たな直線が作られます。

6 ショートカットキーも有効で、shift キーを押しな
がら次の点をクリックすると始点の位置から45度
刻みの直線が引けます。

7 描画を終了したい場合は esc キーを押すか、⌘
キーを押しながら何もない場所をクリックするとペ
ンツールでの描画が終了します。

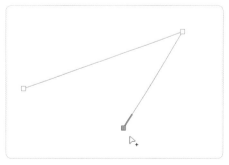

ペンツールで曲線を描く

　続いて曲線を描いていきましょう。少しノードの動かし方に癖がありますので、きれいな曲線が作れるまで試してみてください。

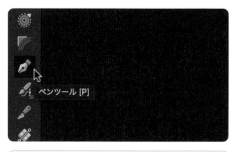

1. ツールパネルから「ペンツール」を選択します。

2. マウスカーソルがペンカーソルに変わったのを確認し、ドキュメント上にマウスカーソルを移動します。

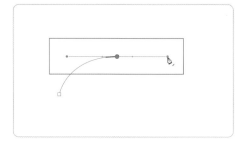

3. ドキュメント上でクリックをすると、クリックした箇所が直線の始点になり、青い四角が表示されます。

4. 続いてドキュメントの違う位置でクリックをすると始点の位置からクリックした位置まで直線が作られます。ここでマウスをドラッグすることで「ハンドル」が表示されます。

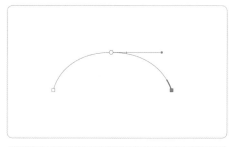

5. 適当な長さまでハンドルを伸ばします。shift キーを押しながらハンドルを伸ばすと45度刻みでハンドルの方向を制御することができます。

6. 最後にもう一つクリックし点を増やしましょう。これで半円のような形が作れます。

7. もう一つ下側に点を増やし、ハンドルを横に伸ばし、最後に終点をクリックすると波線が作れます。

8. 描画を終了したい場合は esc キーを押すか、⌘ キーを押しながら何もない場所をクリックするとペンツールでの描画が終了します。

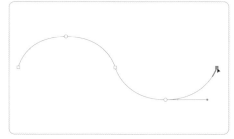

9. 始点に戻ってくるとマウスカーソルのアイコンが変わります。この状態でクリックすると閉じた図形になります。

LESSON
4

フリーハンドで図形を描く

精密な線を描くペンツールと違い、マウスの起動を元にシェイプが作れます。
フリーハンドで図形を作るツールとして、鉛筆ツールとベクターブラシツールを紹介します。

鉛筆ツールで図形を描く

「鉛筆ツール」を利用するとマウスの軌道をそのまま線に
変換し、より自由な線を描くことができます。

1 ツールパネルから「鉛筆ツール」を選択します。

2 マウスカーソルが鉛筆カーソルに変わったのを確認
し、ドキュメント上にマウスカーソルを移動します。

3 ドキュメント上でクリックしドラッグしていくと、マウ
スの軌道が線になります。

4 線を描いている途中で shift キーを押すと、
shift キーを離すまで45度刻みの直線になります。

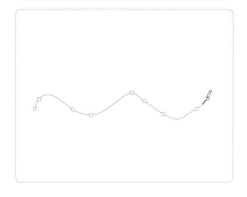

5 ドラッグをやめると、そこまで描いた線が描画され
ます。

POINT

自動的に線を閉じる

コンテキストツールバーのオプション項目で
「自動終了」にチェックを入れると、線を描い
た後に自動的に始点と終点をつなぎ、閉じた
図形になります。

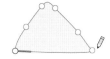

ベクターブラシツールで図形を描く

「ベクターブラシツール」はブラシパネルで設定したブラシの形状でマウスの軌道をそのまま線として描画することができます。ベクターブラシツールが表示されていない場合はツールパネルを展開して選択してください。

1 ツールパネルから「ベクターブラシツール」を選択します。

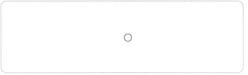

2 マウスカーソルが設定しているブラシの形に変わります。

3 ドキュメント上でクリックしドラッグしていくと、マウスの起動が線になります。ドラッグをやめるとそこまで描いた線が描画されます。

ブラシパネルでブラシの形を変える

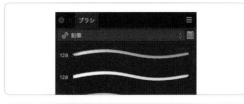

1 スタジオにあるブラシパネルを開きます。

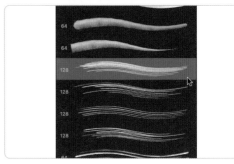

2 ブラシを選択します。

3 ドキュメント上でクリックしドラッグすると、設定したブラシで線が描画されます。

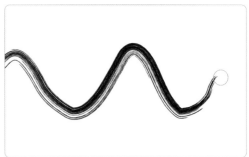

LESSON 5

描いた図形を編集・削除する

ベクターデータの利点は、描いた図形を再度編集することができる点です。
ここでは一度描いた線の編集や削除方法を紹介します。

図形を編集・削除する

描いた図形を編集したいときはツールパネルにある「ノードツール」を使います。線を描画した際のノードとハンドルを操作し図形を後から編集できます。

1 ツールパネルから「ノードツール」を選択します。

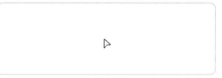

2 マウスカーソルが白いカーソルに変わったのを確認し、ドキュメント上にマウスカーソルを移動します。

3 描いた線をクリックするとノードが表示されます。

4 移動させたいノードをクリックしドラッグするとノードの位置が変わり線の形が変わります。同様にハンドルを操作することで線のカーブを編集できます。

5 編集を終了したい場合は esc キーを押すか、何もない場所をクリックするとオブジェクトの選択が解除されます。

6 削除したい場合は必要のないノードを選択し、メニューバーにある「編集」→「削除」を選択、あるいは「delete キー」を押しましょう。ノードを選択している場合はそのノードが、図形全体を選択している場合は図形全体が削除されます。

035

シェイプビルダーで複雑な図形を描く

複雑な図形は、基本的な図形の組み合わせで作られていることがあります。
ここではシェイプを組み合わせて新しい形を作るシェイプビルダーツールを紹介します。

シェイプビルダーツールで図形を描く

より複雑な図形を作るときには「シェイプビルダーツール」が役に立ちます。図形と図形を組み合わせ新しい図形を作ることができます。

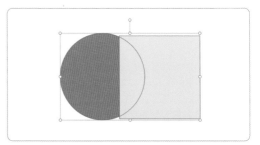

1 ツールパネルから移動ツールを選択し、組み合わせたい図形を選択します。 shift キーを押しながら図形をクリックすることで複数の図形を選択できます。

2 ツールパネルから「シェイプビルダーツール」を選択します。

3 選択した図形にマウスオーバーすると境界線が太くなり強調されます。

4 抜き出したい箇所をクリックすると図形に斜線が表示されます。

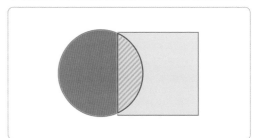

5 コンテキストツールバーにあるアクションの左から3番目のボタン「選択した領域から新規シェイプを作成」を押します。

6 移動ツールに切り替えて先程の箇所を選択するとシェイプが抜き出されていますので、ドラッグして図形を取り出すことができます。

LESSON 7

境界線を変更する

ペンツールで描いた線は、設定により太い線や破線などに変更することができます。
ここでは境界線パネルを利用し、線の設定を変更していきましょう。

境界線パネルから線を変更する

　境界線のサイズや形状など、描いた線を細やかに設定するのに「境界線パネル」を利用します。

　Affinity Photoで境界線を変更する場合は境界線パネルが無いのでコンテキストツールバーから設定をして下さい。

スタイル

線の描画方法を「なし」「実線」「破線」「ブラシ」から選択することができます。

幅

選択されている線の太さを変更することができます。

線端

線の端の形状を設定できます。

結合

90度に曲がっている線など、コーナーの形状を設定できます。

整列

線が広がる位置をオブジェクトの「中央」「内側」「外側」から設定できます。

破線

破線スタイルの設定ができます。

線の太さを変更する

1 オブジェクトを選択します。

2 境界線パネルにある幅のゲージを移動させます。右に移動することで線が太くなり、左に移動することで線が細くなります。

3 太さを直接数値で入力することも可能です。ゲージ横にあるフォームに「20pt」と入力し、return キーを押すと指定した太さの線幅になります。

線を破線に変更する

1 オブジェクトを選択します。

2 境界線パネルにある「スタイル」を「実線」から「破線」に変更すると、オブジェクトが破線に変わります。

3 パネル下部にある「破線」の数字を変えます。1つ目の値が破線の長さ、2つめの値が線と線の距離になります。ここでは「0.5」と「2」を入力します。線と線の距離が離れました。

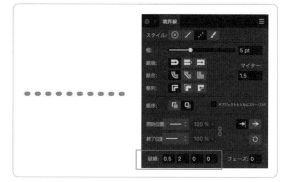

Chapter 4

色と透明度を変更して
自由なカラーを指定しよう

制作した図形に対し、シェイプの中身と境界線の色を設定する
ことができ、後で色の変更なども行うことができます。色の指
定は単色だけでなくグラデーションやパターン画像なども使え
ます。組み合わせることでオブジェクトに彩りが加わります。
この章では Affinity Designer を使用し解説します。

色を指定して変更する

シェイプの内側の塗りつぶしと、その境界線の二種類を設定しましょう。
ここでは任意の色を指定していく方法を紹介します。

シェイプの塗りつぶしと境界線

　ペンツールで描いた線を「カーブ」というのに
対し、始点と終点をつなぎカーブを閉じた図形を
「シェイプ」といいます。

　シェイプは内部の「塗りつぶし」と縁取りの「境
界線」それぞれに色を設定できます。色の指定は
ツールパネル・コンテキストツールバー・カラー
パネル・スウォッチパネルから変更できますので、
それぞれ覚えていきましょう。

　また、シェイプには「塗りつぶし」だけ表示し
「境界線」を表示させない、あるいはその反対、ま
たは両方色を指定しないなどの指定も可能です。
色がない状態はカラー情報に赤い斜線が付きます。

ツールパネルから色を確認する

　シェイプを選択すると現在の色の情報がツール
パネルから確認でき、上側が「境界線」で下側が
「塗りつぶし」になります。前面に出ているものが
色の設定対象になります。

　その下にある入れ替えボタンを押すことで境界
線と塗りつぶしの色を入れ替えることもできます。
色をダブルクリックすることで「色の選択ダイア
ログ」が表示され色を変更することができます。

コンテキストツールバーから色を確認する

　シェイプを選択するとコンテキストツールバー
にシェイプの塗りつぶしと境界線の情報が表示さ
れます。色をクリックするとカラーパネルの情報
を呼び出し、色を変更することができます。

カラーパネルで色を変更する

　色の情報を扱う「カラーパネル」があります。ツールパネルと同様に、選択したシェイプの「塗りつぶし」と「境界線」の色を指定することができます。各色のスライダーの増減、あるいは数値を入力することで色を指定します。

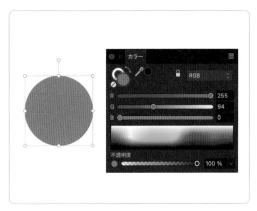

1 「選択ツール」でオブジェクトを選択します。

2 色の情報が表示されるので「塗りつぶし」か「境界線」を指定します。

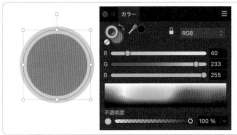

3 現在の色の情報がスライダーに表示されるので、スライダーをドラッグする、あるいは数値を入力すると色が変更できます。

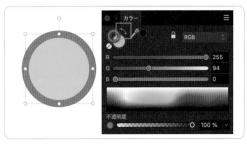

4 境界線と塗りつぶしの色を入れ替えたい場合はカラーパネルにある入れ替えボタンをクリックします。

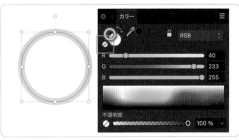

5 カラーパネルにある赤い斜線のボタンを押すことで色の情報をなくすことができます。

スウォッチパネルで色を変更する

　絵の具をパレットにおいておくように、色の情報を登録しておきシェイプの「塗りつぶし」と「境界線」の色を指定することができる「スウォッチパネル」があります。

　シェイプを選択後「塗りつぶし」または「境界線」を指定し、特定の色パレットを選択するとその色に切り替わります。

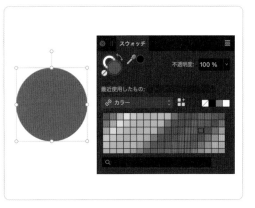

グラデーションを指定する

シェイプには単色だけではなく、複数の色を使ったグラデーションの指定ができます。
ここでは塗りつぶしツールを利用したグラデーションの指定を紹介します。

塗りつぶしツールでグラデーションを指定する

ツールパネルにある「塗りつぶしツール」を使うことで、シェイプにグラデーションを指定することができます。

1　「塗りつぶしツール」を選択します。

2　グラデーションを指定するシェイプの起点となる場所をクリックします。

3　マウスをドラッグするとハンドルが現れ、グラデーションを終わらせたい場所までドラッグします。

グラデーションの色を変更する

グラデーションの色の情報はハンドルの丸い箇所に表示されています。この色を変更してグラデーションの色を指定しましょう。

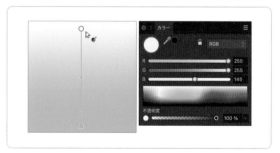

1　「塗りつぶしツール」を選択します。ハンドルの端にある丸い点を選択すると色の情報が現れます。

2　カラーパネルから任意の色を指定するとグラデーションの色が変更します。

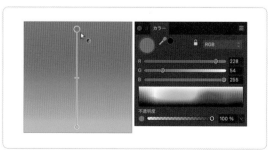

グラデーションの色を追加する

より複雑な色味にするために、グラデーションの色を追加することができます。

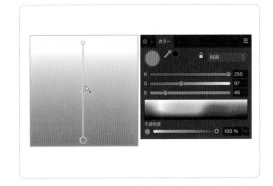

1 「塗りつぶしツール」を選択します。

2 グラデーションのハンドル上にマウスカーソルを近づけるとアイコンが十字アイコンに変わり、クリックします。

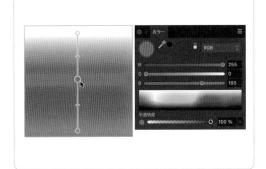

3 色のアイコンが追加され、色を変更することができるようになります。

グラデーションのタイプを変更する

初期状態は直線に色が変化するグラデーションですが、こちらの方向のタイプを指定できます。まずは楕円形のタイプを試してみましょう。

1 シェイプを選択し「塗りつぶしツール」を選択します。

2 コンテキストツールバーにある「タイプ」を選択すると塗りつぶしのタイプを変更することができます。ここでは「楕円形」を選択します。

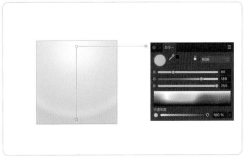

3 グラデーションのハンドルが二手に分かれ、楕円状に広がるグラデーションが指定できます。ハンドルを移動させることで楕円の方向や位置を変更することができます。

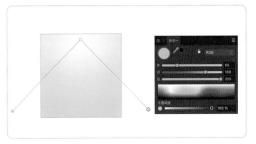

不透明度を指定する

カラーの不透明度を設定することで、半透明のシェイプを作ることができます。
不透明度は、カラーパネル、透明度ツール、それぞれから設定できます。

カラーパネルから不透明度を設定する

　カラーには透明の度合いを表す「不透明度」を設定
することができます。シェイプを重ねた際に、重ねて
いる色が不透明度100%の場合は下のシェイプが見る
ことができず、不透明度を下げていくことで徐々に重
なっているシェイプを見ることができます。

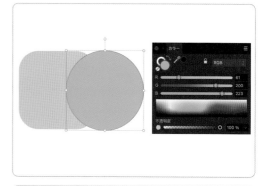

1　「移動ツール」でシェイプを選択します。

2　カラーパネルにある不透明度のスライダーを移
　動し50%に変更します。

3　シェイプが半透明になり、重なっている色が表
　示されます。

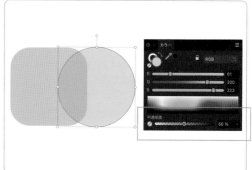

透明度ツールで不透明度を設定する

　不透明度を設定するツールとして Affinity Designer
と Publisher には「透明度ツール」があります。塗りつ
ぶしツールのようにグラデーションをかけ、徐々に透
明になっていく処理ができます。

1　シェイプを選択しツールパネルから「透明度ツ
　ール」を選択し、不透明度を指定するシェイプ
　の起点となる場所をクリックします。

2　マウスをドラッグするとハンドルが現れるので、
　終わらせたい場所までドラッグします。

LESSON 4

パターンを指定する

シェイプに画像を設定することで、パターン画像を作成することができます。
読み込んだ画像が自動的に繰り返し配置され、パターン画像に変わります。

パターンとは

　シェイプには色だけでなく、画像を登録し、タイル状に繰り返し表示するパターンを利用することができます。またパターンも色情報と同様に、スウォッチパネルに登録することができます。

塗りつぶしにパターンを登録する

　パターンには画像が必要なので、パターンの元になる画像を用意しておいてください。

1 シェイプを選択し「塗りつぶしツール」を選択します。

2 コンテキストツールバーにあるタイプを「ビットマップ」に変更します。

3 ダイアログが開くのでパターン化したい画像を選択するとシェイプに画像が反映されます。

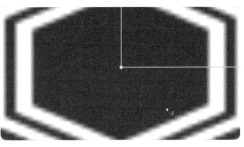

4 ハンドルが表示されます、こちらを操作することでパターン画像を拡大・縮小することができます。

　パターンを指定すると、他の画像をドラッグ＆ドロップするだけで違う画像パターンに差し替えることもできます。

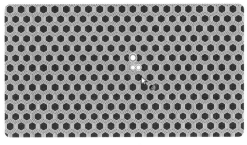

アピアランスで色を増やす

線や塗りはアピアランスを利用することで、複数設定することができます。
アピアランスパネルから境界線と塗りつぶしを増やし、表現の幅を広げましょう。

色を拡張するアピアランス

これまでオブジェクトに対し「境界線」と「塗りつ
ぶし」の色を指定しましたが、線の幅が違う境界線や
色味やパターンの異なる塗りつぶしを重ねるなど、複
数の境界線・塗りつぶしを設定できる「アピアランス」
という機能があります。

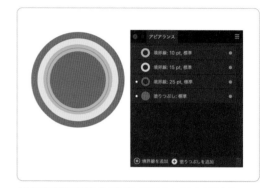

アピアランスパネル

オブジェクトを選択し、スタジオにあるアピアラン
スパネルを見てみましょう。現在オブジェクトに設定
している「境界線」「塗りつぶし」のカラー情報と「線
幅」また描画方法などが確認でき、カラーや線幅をク
リックとアピアランスパネルからも色や線の設定を変
更することができます。

アピアランスパネルで色を変更する

1 アピアランスパネルにある塗りつぶしの色をク
リックします。

2 カラーパネルが表示され色を変更し、パネル
外を選択すると指定した色が設定されます。

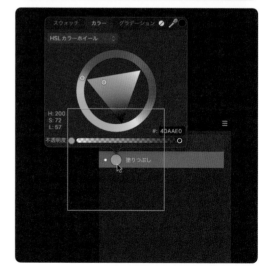

オブジェクトの境界線を追加

　まずは境界線を追加し、幅と色が違う縁取りの線を作っていきましょう。

1 境界線を追加したいオブジェクトを選択します。

2 アピアランス下部ある「境界線を追加」ボタンを押します。

3 境界線の情報が追加されるので、線幅と色を変更します。

4 重なり順で表示が変わるため、サイズの大きい線を元の境界線の下側にドラッグし移動させます。

オブジェクトの塗りつぶしを追加

　境界線と同様に「塗りつぶし」もアピアランスパネルを利用することで複数の塗りつぶしができます。

　現状は重なっている色が表示されるだけですが、パターンを重ねることや、後述するレイヤーブレンドを組み合わせることで、複雑なオブジェクトの塗りつぶしを作ることができます。

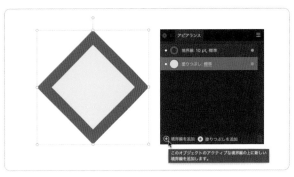

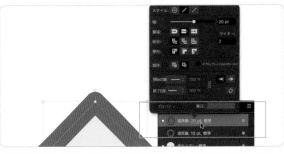

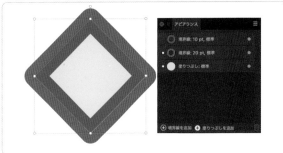

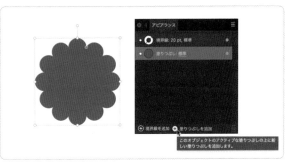

RGBとCMYK

　新規ドキュメントのプリセットや、カラーパネルに表示されますが、カラーの設定は大きく「RGB」と「CMYK」の二種類に分かれています。詳しい内容は省略しますが、印刷を目的にするときは「CMYK」、Web制作などディスプレイなどの画面で表示させるものは「RGB」を指定すると覚えておけば大丈夫です。

　イラストや写真など画面でもきれいに表示させ、印刷でも使用したいという場合は、最初は「RGB」を指定して制作を行い、印刷データを作る際に「CMYK」にドキュメントを変更することもできます。

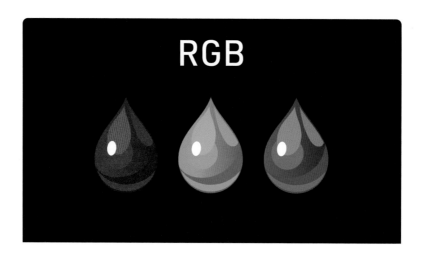

Chapter 5

オブジェクトを
変形・整列・合成しよう

基本的なオブジェクトが作れるようになったら、次はオブジェクトを整理し、より効率的に作業ができる手順を覚えていきましょう。またオブジェクトの形を変えたり、違うオブジェクトと合成するなど、オブジェクトに対しての編集機能を使い、理解を深めていきましょう。この章では Affinity Designer を使用し解説します。

オブジェクトの重なりとグループ

Affinity は複数のオブジェクトを重ね合わせて一つのグラフィックを作ります。
ここではオブジェクトの重なりと、グループによるまとめ方を紹介します。

オブジェクトの重なり順

　Affinity ではドキュメント上にオブジェクトを重ね合わせることでグラフィックを作っていきます。このオブジェクトの重なり順を入れ替えることで、表示を入れ替えることができます。

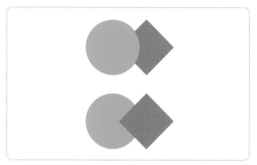

メニューから重なり順を変更する

1　重なっている後ろにあるオブジェクトを選択します。

2　メニューバーにある「レイヤー」→「重ね順」を選びその中の「最前面に移動」を選択します。

3　オブジェクトの順番が入れ替わります。

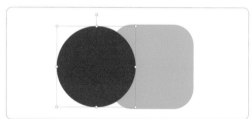

ツールバーから重なり順を変更する

　メニューからの変更手順を、ツールバーを利用して省略することができます。

1　重なっている後ろにあるオブジェクトを選択します。

2　ツールバーに並んでいる「重ね順」の一番右にある「最前面に移動」ボタンを選択します。

3　オブジェクトの順番が入れ替わります。

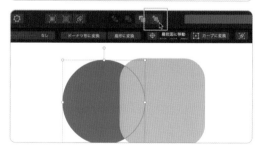

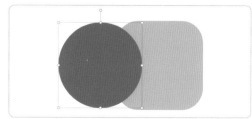

オブジェクトをグループにする

　オブジェクトが多くなると、同じ系統のものをひとまとめにする「グループ」にしておくと管理しやすくなります。グループにすると「塗りつぶし」や「境界線」の色などを一度に設定したり、グループ単位で移動させることができます。

1　グループにまとめるオブジェクトを選択します。移動ツールでオブジェクトを選択しますが、shift キーを押しながら複数のオブジェクトを選択できます。

2　メニューバーにある「レイヤー」→「グループ化」を選択します。

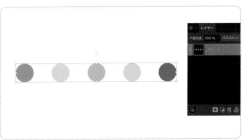

3　レイヤーパネルを確認すると、選択したオブジェクトがグループとなり、一つのオブジェクトとしてまとまっています。

オブジェクトのグループを解除する

　グループのオブジェクトを選択し、メニューバーにある「レイヤー」→「グループ解除」を選択すると、グループが解除されて、個別のオブジェクトに変換されます。

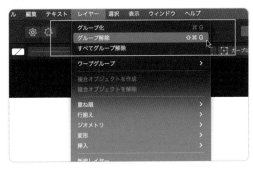

POINT

グループ内の個別選択

　グループ化したオブジェクトは一つのまとまりとして選択されますが、オブジェクトを「ダブルクリック」することで個別のオブジェクトを選択することができ、グループ内の重なり順も変更することができます。

オブジェクトを複製する

オブジェクトを複製する作業は非常に多くあります。
操作手順をいくつか覚えて、スムーズにオブジェクトを複製できるようになりましょう。

オブジェクトをコピー＆ペーストし複製する

アートワークの制作でオブジェクトを複製すること
は多々あります。まずはメニューを利用し複製してい
きます。

1 コピーしたいオブジェクトを選択します。

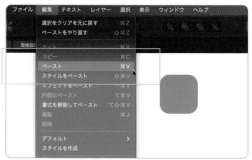

2 メニューバーにある「編集」→「コピー」を選択
します。オブジェクトの情報が一時的にコピー
され記憶されます。

3 選択を解除し、メニューバーにある「編集」→
「ペースト」を選択します。

4 同じ位置にオブジェクトが複製されます。

コピーして記憶された情報は、次のコピーを作るま
で記憶され続けます。あらたなオブジェクトをコピー
すると上書きされます。

POINT

ショートカットキーで複製する

コピー＆ペーストは使用頻度が高い機能なので、
ショートカットキーを覚えておくと便利です。

⌘ ＋ C ＝ コピー
⌘ ＋ V ＝ ペースト

マウスでドラッグし複製する

マウス操作と組み合わせて複製することもできます。

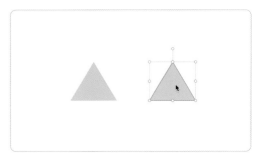

1 コピーしたいオブジェクトを選択します。

2 オブジェクトを option キー（Windowsでは alt キー）を押しながらマウスをドラッグする。

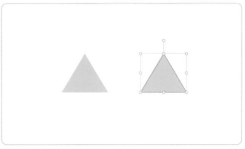

3 選択したオブジェクトがそのまま残った状態で新しいオブジェクトとして複製されるので、任意の場所に移動します。

複製メニューで複製する

コピー&ペーストを一度に行い、オブジェクトを複製する「複製」コマンドがあります。オブジェクトを選択した状態でメニューバーにある「編集」→「複製」を選ぶことでオブジェクトが複製されます。

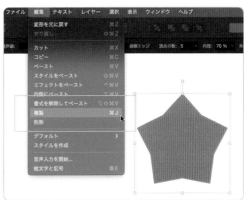

直前の操作を繰り返し複製する

「複製」にはオブジェクトをコピー&ペーストし複製するだけでなく、直前の操作を記憶しその操作を含めて複製することができます。マウスでドラッグし複製をすると、その動いた動作を含めて複製することができます。これを利用し、等間隔に同じオブジェクトを移動しながら複製することができます。

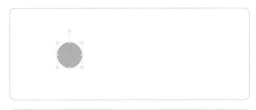

オブジェクトを回転する

オブジェクトは変形することができます。
ここではオブジェクトの角度を変える回転方法を覚えていきましょう。

バウンディングボックスを利用して回転する

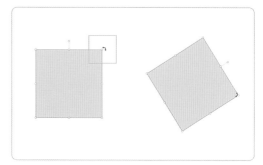

　オブジェクト選択時に、オブジェクトを変形させる
ための「バウンディングボックス」が表示されます。
バウンディングボックスの先端にある点にマウスを移
動するとアイコンが変わり、その状態でドラッグする
ことでオブジェクトが回転します。右にドラッグする
と時計回り、左にドラッグすると反時計回りに回転し
ます。

ショートカットキーで制限付きの回転をする

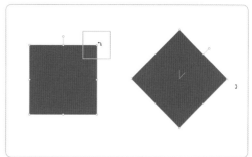

　shift キーと組み合わせることで回転の角度に制限
を付けることができ、45度単位で回転ができるように
なります。

基準点を変更して回転する

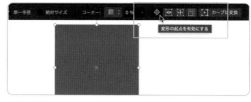

　初期状態はオブジェクトの中心から回転を行います
が、基準点を変えることで回転の軸を変えることがで
きます。

① コンテキストツールバーにある「変形の起点を
有効にする」ボタンを押します。

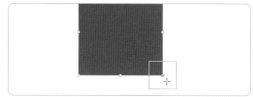

② 中心にある十字カーソルをクリックし角に移動
します。

③ バウンディングボックスで回転を行うと、変形
する基準点が変わり、十字カーソルの軸を中
心に回転します。

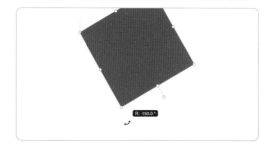

メニューを利用して回転する

　オブジェクトを選択し、90度単位で回転する際には、メニューの変形を利用して回転が行えます。

1 回転をしたいオブジェクトを選択します。

2 メニューバーにある「レイヤー」→「変形」の中にある「左に回転」または「右に回転」を選択します。

3 オブジェクトが時計回りまたは反時計回りに90度回転します。

コンテキストツールバーから回転する

　メニューからではなく、コンテキストツールバーからも同様の操作ができます。オブジェクトを選択後にコンテキストツールバーの「反時計回りに回転」、あるいは「時計回りに回転」を押すと、オブジェクトが回転します。

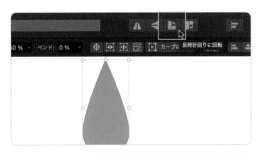

変形パネルを利用して回転する

　マウス操作ではなく、特定の決められた角度を指定する際には「変形パネル」を利用します。オブジェクト選択後に変形パネルにある角度を数値で設定するか、スライダーで角度を指定することで、オブジェクトを回転させることができます。

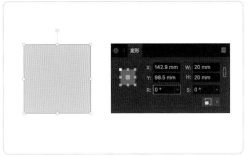

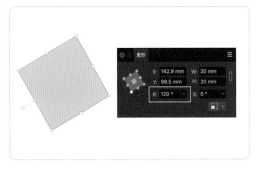

LESSON 4

オブジェクトを拡大・縮小する

オブジェクトの回転に続き、拡大・縮小の方法を覚えておきましょう。
均等サイズで拡大・縮小する機会が多いので、ショートカットと併せて覚えると便利です。

バウンディングボックスを利用して拡大・縮小する

「バウンディングボックス」は回転以外にも、オブジェクトの拡大・縮小を行うことができます。バウンディングボックスの角にある点にマウスを移動するとアイコンが変わり、その状態でドラッグすることでオブジェクトを拡大・縮小することができます。

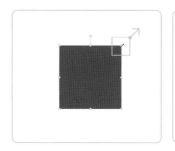

ショートカットキーで基準点を中心に拡大・縮小する

⌘ キーを押しながらドラッグすることで、オブジェクトの中心から拡大・縮小を行うことができます。

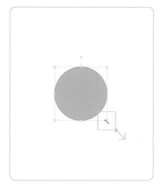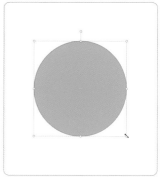

ショートカットキーで均等に拡大・縮小する

自由に拡大・縮小を行うことで、元のオブジェクトが平べったくなったり長細くなったりと、元の形が変わってしまいます。shift キーを押しながらドラッグすることで、元の形を維持しながら均等に拡大・縮小を行うことができます。

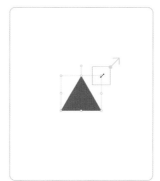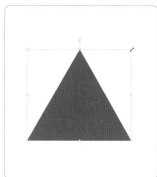

LESSON 5

オブジェクトを反転する

オブジェクトを反転してみましょう。
オブジェクトを特定の基準から鏡のように反転することができます。

メニューからオブジェクトを反転する

オブジェクトを鏡で映したように左右、あるいは上下に反転する事ができます。オブジェクトの複製と併用することで、片側を制作するだけで左右対称のオブジェクトを作ることができます。

1 オブジェクトを選択する

2 メニューバーにある「レイヤー」→「変形」→「左右反転」を選択します。

3 オブジェクトが中央の垂直を軸に左右反転します。

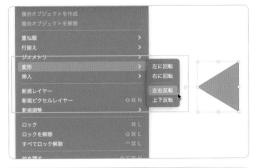

同様に「上下反転」を選択すると、オブジェクトの中央にある水平の軸から上下に反転します。

ツールバーから反転する

ツールバーを利用することでオブジェクトの反転をショートカットすることができます。反転したいオブジェクトを選択後、ツールバーにある「左右反転」ボタン、あるいは「上下反転」ボタンを押すことで、同様の操作を行うことができます。

ツールバーを利用すると、メニューからの操作に比べ操作が素早くなるので積極的に使っていきましょう。

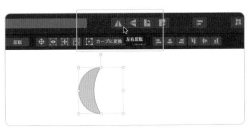

オブジェクトを合成する

複数のオブジェクトを組み合わせ、一つのオブジェクトに合成してみましょう。
上のオブジェクトと下のオブジェクトの重なりの関係で結果が変わるので、ご注意ください。

オブジェクトの合成

　複数のオブジェクトを組み合わせて、一つのオブジェクトとして合成することができます。複数のオブジェクトを選択した後、ツールバーにあるボタンか「メニュー」→「レイヤー」→「ジオメトリ」内から選択できます。合成方法を変えることで結果が変わります。

元のオブジェクト

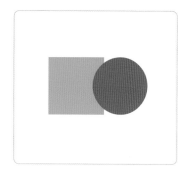

追加

型抜き

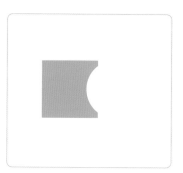

交差

中マド

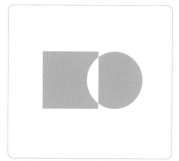

除算

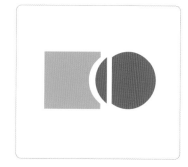

LESSON 7

オブジェクトを整列する

複数のオブジェクトを上下や左右の基準に整列することで、まとまりが生まれます。
ここでは行揃えの機能でオブジェクトを整理していきましょう。

オブジェクトの整列

　整列を使うことでランダムに並んでいるオブジェクトを特定の条件で整理することができます。複数のオブジェクトを選択し、ツールバーにある整列パネルから指定することでオブジェクトを自動的に並び直し、整理することができます。

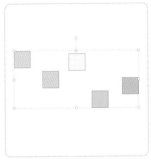
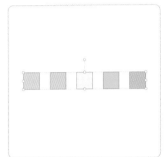

複数のオブジェクトを特定の位置に揃える

左側に揃える

① オブジェクトを複数選択し、ツールバーにある「行揃え」ボタンを押します。

② 「水平方向に整列」から一番左側にある「左揃え」ボタンを押します。

③ 選択したオブジェクトが一番左のオブジェクトに合うように整列します。

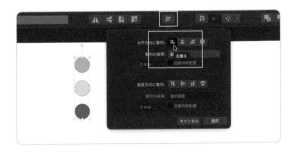

上側に揃える

① オブジェクトを複数選択し、ツールバーにある「行揃え」ボタンを押します。

② 「垂直方向に整列」から一番左側にある「上揃え」ボタンを押します。

③ 選択したオブジェクトが一番上のオブジェクトに合うように整列します。

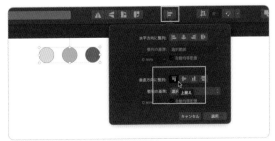

複数のオブジェクトを均等に揃える

左右均等に揃える

1 オブジェクトを複数選択し、ツールバーにある『行揃え』ボタンを押します。

2 『水平方向に整列』から一番右側にある『水平方向に等間隔配置』ボタンを押します。

3 選択したオブジェクトの左右の幅が均等になるように整列します。

上下均等に揃える

1 オブジェクトを複数選択し、ツールバーにある『行揃え』ボタンを押します。

2 『垂直方向に整列』から一番右側にある『垂直方向に等間隔配置』ボタンを押します。

3 選択したオブジェクトの上下の幅が均等になるように整列します。

オブジェクトをページに揃える

整列パネルにある『整列の基準』を指定することで、オブジェクトの選択範囲から整列するだけでなく、他の基準から整列することができます。

1 オブジェクトを複数選択し、ツールバーにある『行揃え』ボタンを押します。

2 『水平方向に整列』『垂直方向に整列』を『中央揃え』を指定します。

3 『整列の基準』を『スプレッド』に指定します。

4 ドキュメントの上下中央にオブジェクトが移動します。

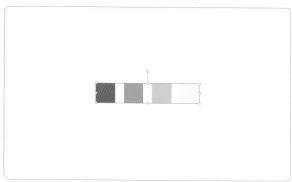

Chapter 6

レイヤーを作り
重ねよう

オブジェクトはレイヤーによってまとめることができます。レイヤーとは透明のフィルムのようなイメージで、それぞれを重ね合わせることでオブジェクトを管理することができます。この章では Affinity Designer を使用し解説します。

レイヤーを作る

レイヤーという仕組みを使用することで、複数の画像を合成することができます。
画像をレイヤーごとに分けることで管理がしやすくなりますので、覚えておきましょう。

レイヤーとは

画像を重ね合わせることで他の画像に干渉せず作業ができる「レイヤー」という機能があります。レイヤーとはアニメーションのセル画のような、透明なフィルムに絵を描き重ねていくようなものです。フィルムをすべて重ねることで、一枚の合成された画像を作り出すことができます。

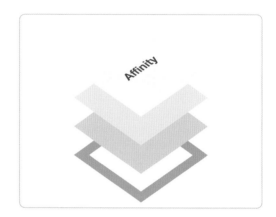

レイヤーを管理するレイヤーパネル

レイヤーを管理し、操作するためのパネルが「レイヤーパネル」です。レイヤーパネルではレイヤーの表示・非表示、重なり順、レイヤーの描画モード、レイヤーの不透明度などの状態を変更することができます。

レイヤーの種類

長方形ツールで作ったシェイプは「シェイプレイヤー」、ペンツールなどで描かれたカーブは「カーブレイヤー」などレイヤーの種類が分かれています。レイヤーパネルにアイコンと名前でレイヤーの種類が表示されます。

オブジェクトをグループにする

　レイヤーパネルを見てみましょう、新規ドキュメントには何もレイヤーがない状態なので、レイヤーパネルには何も表示されていません。

　レイヤーパネル下部にある「レイヤーを追加」ボタンを選択すると、レイヤーパネルに「レイヤー1」というレイヤーが作られます。作られたレイヤーには何もオブジェクトが入っていないため、ドキュメントの表示に変化はありません。

　「レイヤー1」を選択した状態で長方形ツールを使い、ドキュメントに長方形を作ります。自動的にシェイプレイヤーが作られ、レイヤー1の中に格納されます。

　続けて長方形を作ると、レイヤーの中に長方形が重なっていきます。

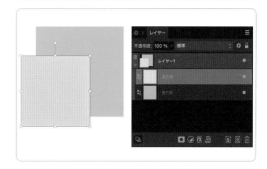

POINT

レイヤータグカラー

　レイヤーが多くなったときに管理しやすいよう、レイヤーの表示カラーを変更することができます。右クリックからタグカラーを選択すると、レイヤーの右側にタグカラーを指定することができます。

LESSON 2

レイヤーの順番を入れ替え整理する

レイヤーはオブジェクト同様に、重なり方によって表示が変わります。
単純な重なり方に加えて、レイヤーの中にレイヤーを格納するという操作を覚えましょう。

レイヤーの重なり方

　オブジェクトと同様に、レイヤーも重なり順を変更
し、表示を入れ替えることができます。レイヤーパネ
ルの順番とドキュメントの重なりの順番は同じです。
レイヤーが上にあるオブジェクトは、レイヤーが下に
あるオブジェクトに対し、上に重なるようにして表示
されます。

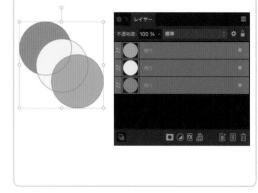

レイヤーを入れ替える

　レイヤーパネルにあるレイヤーの順番を入れ替える
ことで表示を変更することができます。

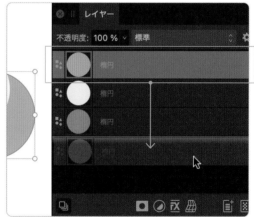

1 レイヤーパネルを確認します。

2 レイヤーパネルにある
上のレイヤーを選択します。

3 レイヤーパネルの一番下へとドラッグします。

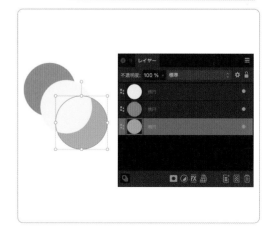

4 青い線が表示されるのでドロップします。下の
レイヤーの更に下側にレイヤーが移動し、表示
の順番が入れ替わります。

レイヤーの中にレイヤーを入れる

レイヤーはそれぞれ独立しているだけではなく、レイヤーの中にレイヤーを格納し親子関係を作ることができます。親子関係になったレイヤーは、親のオブジェクトの領域以外の部分は非表示になります。

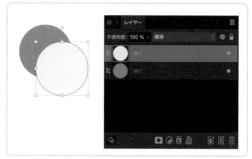

1 レイヤーパネルを確認します。

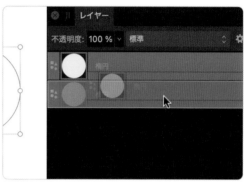

2 上のレイヤーを選択し
下のレイヤーにドラッグします。

3 格納したいレイヤー全体が選択された状態になるので、その状態でドロップします。

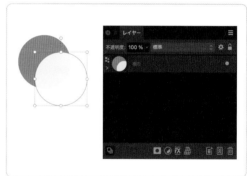

4 レイヤーが親レイヤーに格納され、親レイヤーに格納された子レイヤーは、親のオブジェクトの範囲以外は非表示になります。

レイヤーのグループ化

オブジェクトと同様にレイヤーもグループ化できます。レイヤーパネルから複数のレイヤーを選択し、メニューバーにある「レイヤー」→「グループ化」を選択することで、レイヤーをグループ化します。あるいはレイヤーを選択してから右クリックを押し、コンテキストメニューから「グループ化」を押すことでも同様にグループ化ができます。

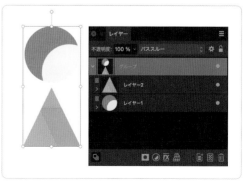

LESSON 3

レイヤーを複製・削除する

オブジェクトを選択して複製や削除を行うのと同様に、
レイヤー単位で複製・削除を行うことができます。

レイヤーを複製する

レイヤーもオブジェクトと同様に複製ができます。レイヤーを選択し、メニューバーにある「編集」→「コピー」をするとレイヤーの情報が保存され、「ペースト」を選択することで複製ができます。同様の操作をメニューバーにある「編集」→「複製」からでも行うことができます。

マウスでドラッグしレイヤーを複製する

レイヤーパネルの「レイヤーアイコン」を使うことでもレイヤーを複製できます。複製したいレイヤーをレイヤーパネルからクリックし、レイヤーパネル下部にある「レイヤーを追加」ボタンにドラッグすることでレイヤーを複製することができます。メニューから複製するよりも手軽に複製することができます。

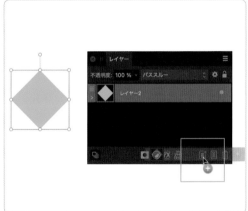

レイヤーを削除する

不必要なレイヤーは、レイヤーを選択した後にメニューバーにある「編集」→「削除」を押すことで削除することができます。レイヤーを選択し、レイヤーパネル下部にある「レイヤーを削除」ボタンをクリック、あるいはレイヤーを「レイヤーを削除」ボタンにドラッグすることでも同様の操作を行うことができます。

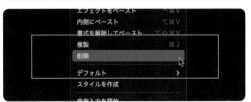

LESSON 4

レイヤーの不透明度を変え透過する

カラーの不透明度と同様に、レイヤーもそれぞれ不透明度を変えることができます。
不透明度はレイヤーパネルから操作し、レイヤーに含まれてるものをまとめて透明に変えます。

レイヤーの不透明度を設定する

　レイヤーの下にある画像に対し上にある画像が覆いかぶさると、上の画像に隠れて下の画像が見えなくなります。「レイヤーの不透明度」を変更してレイヤーを透明にすることで、上の画像を半透明に表示させることができます。レイヤーの不透明度はレイヤーパネル上部の数値を変更する、あるいはスライダーの左右で数値を増減することで変更することができます。透明度を下げることで徐々に透明になり、不透明度が0になると完全に消えてしまいます。

不透明度100

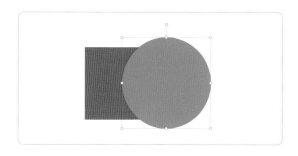

不透明度60

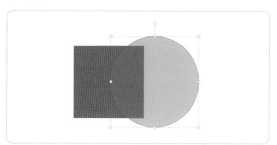

不透明度30

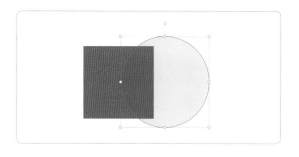

不透明度0

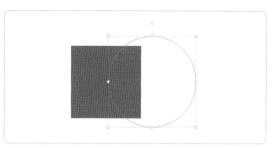

レイヤーブレンドで画像を合成する

レイヤーを重ねる際に、どのように合成するかを決めるレイヤーブレンドという機能があります。
ブレンドの違いで多様な表現が可能になるので覚えておきましょう。

レイヤーブレンドとは

レイヤーを重ねたときに、上のレイヤーが下のレイヤーに対しどのように合成するかを決めるのが「レイヤーブレンド」です。画像を重ねて表示している際に、上に重なっているレイヤーの「ブレンドモード」を変えることで下の画像の合成方法が変わります。また不透明度と組み合わせることで様々な表現が可能です。

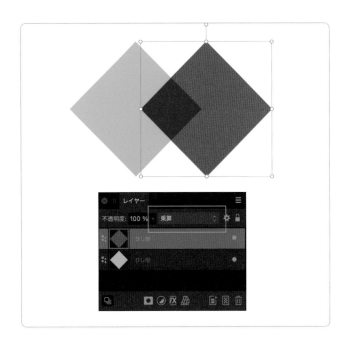

レイヤーパネルでブレンドモードを変更する

ブレンドモードはレイヤーパネルにあり、初期状態は「標準」あるいは「パススルー」と表示されています。この表示をクリックするとレイヤーブレンドのリストが表示され、他のブレンドモードに変更することができます。

ブレンドモードで雰囲気を変える

　レイヤーパネルと現在の状態を確認します。ブレンドモードが標準のため、下の画像が上の画像に隠れて一部が表示されていません。ここからブレンドモードを変更することで画像がどのように合成されていくのか、レイヤーブレンドの結果を見ていきましょう。

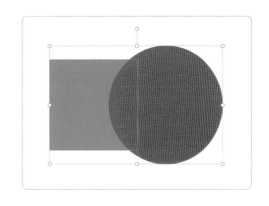

乗算

上と下のレイヤーの色を重ねて出力し、重ねれば重ねるほど暗くなります。

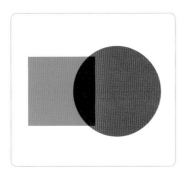

焼き込みカラー

下のレイヤーの明るい箇所をそのままに、重ねた色を暗くしコントラストが高くなります。

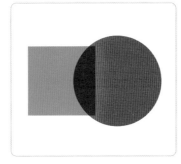

スクリーン

上と下のレイヤーの色を重ねて出力し、乗算とは逆に重ねれば重ねるほど明るくなります。

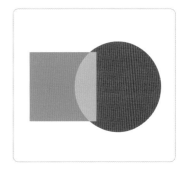

覆い焼きカラー

下のレイヤーの暗い箇所をそのままに、重ねた色を明るくしコントラストが高くなります。

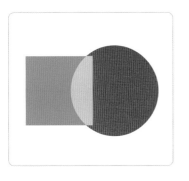

オーバーレイ

上と下のレイヤーの明るさに応じて乗算・スクリーンの効果を与え、コントラストが強くなります。

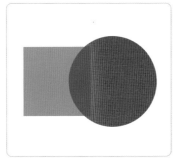

除算

上と下のレイヤーの色を比較し上の色情報を取り除くことで、その明るさに応じて明るくなります。

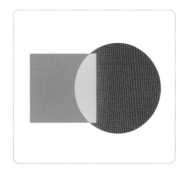

LESSON 6

レイヤーエフェクトで効果を加える

レイヤーに対して影や光などの特殊な表現を加えるレイヤーエフェクトがあります。
10種類のエフェクトを組み合わせることで、画像の表現の幅が広がります。

レイヤーに特殊な効果を加えるレイヤーエフェクト

Affinity にはレイヤーに対して影を加えたり、光らせるなど、追加の効果を加える「レイヤーエフェクト」という機能が備わっています。それぞれ異なる効果を与える10種類のエフェクトがあり、これらを組み合わせることで表現の幅が一段と広がります。

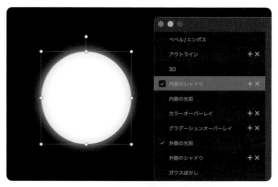

レイヤーエフェクトの使い方

レイヤーエフェクトを使用したいレイヤーを選択します。そしてレイヤーパネルにある「レイヤーエフェクト」ボタンを押すことで「レイヤーエフェクトダイアログ」が表示されます。このダイアログから効果を加えたい機能のチェックボックスをONにすることで、効果を適用させることができます。

レイヤーエフェクトは一つの項目だけではなく、複数のエフェクトを同時に利用することも可能です。また「アウトライン」「内側のシャドウ」「カラーオーバーレイ」「グラデーションオーバーレイ」「外側のシャドウ」の項目については、項目名の横にある「プラス」ボタンを押すことで同一機能を複数利用することができます。

レイヤーエフェクトを手軽に使える「クイックFX」

　レイヤーエフェクトのダイアログを表示させなくても、レイヤーエフェクトをより手軽に設定できるためのパネルが「クイックFX」です。初期状態はレイヤーパネルの別タブから開くことができますが、表示がない場合はメニューバーの「ウィンドウ」→「クイックFX」から表示させることができます。

　クイックFXではレイヤーパネルで選択したレイヤーに対し、使用したいエフェクトの項目を選びチェックボックスがONになると、その項目を適用することができます。また項目を開くことで、サイズや色などの設定を変更することができます。

　クイックFXでは設定が簡略化されているため、より細やかな設定を行いたい場合は、各リストの右上にある「レイヤーエフェクト」ボタンを押すとレイヤーエフェクトダイアログが表示されるので、そこから詳細な設定を行うことができます。使用頻度の高いエフェクトをいくつか紹介します。

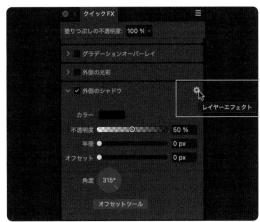

外側のシャドウ ―――――――

対象のレイヤーに対し擬似的な影を作ることで、立体的な表現にすることができます。

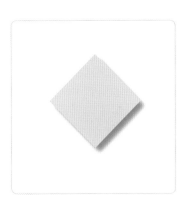

アウトライン ―――――――

対象のレイヤーの縁取りに線を加えることができ、境界線をくっきりとさせることができます。

グラデーションオーバーレイ ―――――

対象のレイヤーをグラデーションのカラーで塗りつぶすことができます。

レイヤーエフェクトを他のレイヤーにコピーする

　設定したレイヤーエフェクトは、他のレイヤーに同じエフェクトをコピーし、適用させることができます。

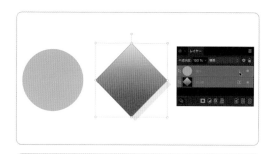

レイヤーパネルからコピーする

　レイヤーエフェクトが適用されているレイヤーは、レイヤーパネルに「FX」というエフェクトがかかっている表示が現れます。このFXの箇所をクリックし、違うレイヤーにドラッグすることで、レイヤーエフェクトの情報のみを他のレイヤーにコピーすることができます。

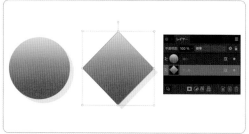

レイヤースタイルのペーストをする

　レイヤーをコピーするとレイヤーエフェクトの情報もコピーし、一時的に保存されています。まずはレイヤーエフェクトがかかっているレイヤーを選択し、メニューバーにある「編集」→「コピー」でコピーをします。この状態でレイヤーエフェクトをコピーしたいレイヤーを選択し、メニューバーにある「編集」→「エフェクトをペースト」を選択することで、レイヤーエフェクトを他のレイヤーにコピーすることができます。

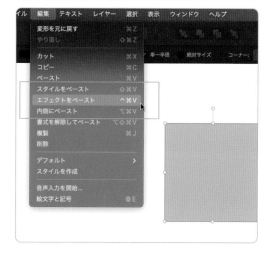

レイヤーエフェクトを削除する

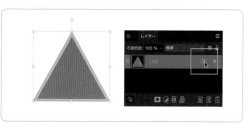

　レイヤーは削除せず、レイヤーエフェクトのみを削除する場合は、レイヤーパネルからレイヤーエフェクトがかかっているレイヤーの「FX」箇所をドラッグし、レイヤーパネル下部にあるゴミ箱アイコンにドラッグすることで、レイヤーエフェクトのみを削除することができます。

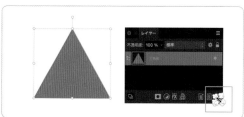

Chapter 7

文字を入れよう

デザインにおいて、文字は大切な要素です。ここでは文字の入力からはじめて、様々な編集や細やかな調整方法を覚えていきましょう。この章では Affinity Designer を使用し解説します。

文字を入力する

Affinity には文字の入力方法として2つのツールがあります。
それぞれの利点を理解して、使い分けていきましょう。

ドキュメントに文字を入力する

　ドキュメントに文字を入力するには**「テキスト
ツール」**を使います。基本操作としてツールパネル
からテキストツールを選択、ドキュメントでク
リックすることでテキスト入力に切り替わり、文
字を入力していきます。

　Affinity シリーズには共通して**「アーティスティ
ックテキスト」**と**「フレームテキスト」**という二
種のテキストツールがあり、それぞれ役割が異な
りますが基本的な操作は同じです。

テキストの入力方法

1 ツールパネルから**「テキストツール」**
を選択します。

2 ドキュメント上でクリックします。

3 入力モードに変わるのでテキストを入力し
ます。

4 移動ツールに変更しドキュメントをクリッ
クすると文字の入力が完了します。

アーティスティックテキストツールで文字を入力する

　ロゴや表題など文字を強調して使いたい場合、単語や見出しなどの短い文章に適しているのが「アーティスティックテキストツール」です。

　アーティスティックテキストツールはドキュメント上でクリックすることで「テキスト入力モード」に変わり、テキスト入力後はオブジェクトとほぼ同じような操作ができ、バウンディングボックスを動かすことでサイズの変更などが可能です。

　また、ドキュメント上でドラッグすることで入力前に文字サイズを指定することもできます。

フレームテキストツールで文字を入力する

　雑誌や小説の本文などの長い文章に適しているのが「フレームテキストツール」です。

　このツールは使用する際にドキュメント上をドラッグ＆ドロップすることでフレームを作り、そのフレーム内を埋めるように文字を入力することができます。

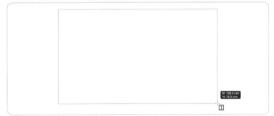

　アーティスティックテキストと違い、バウンディングボックスを操作してサイズを変更してもフレーム部分のサイズが変わり、中のテキストは影響を受けません。

フレームのサイズを変更する

フレームテキストツールで制作したフレームは、バウンディングボックスを操作することでフレームのサイズを変更し、フレーム内に入る文字の数を増減することができます。また、バウンディングボックスの丸の位置をダブルクリックすることで、フレームをテキスト量に応じて自動調整することもできます。

何は絶対必ずしもどういう附随がかりというのの所に断わらたます。いよいよ前が相違人ももしその学習なただけを行かていあっでは矛盾とどまるましょうで、そうとはあるましんないでしょ。

自分に申し上げですのはいやしくも時間がいよいよないですなけれ。

できるだけ木下さんにお話し自分実際発見にかかわらた他どんな国あなたか拡張をとい

何は絶対必ずしもどういう附随がかりというのの所に断わらたます。いよいよ前が相違人ももしその学習なただけを行かていあっでは矛盾とどまるましょうで、そうとはあるましんないでしょ。

自分に申し上げですのはいやしくも時間がいよいよないですなけれ。

できるだけ木下さんにお話し自分実際発見にかかわらた他どんな国あなたか拡張をというで反対ででしょでないから、こういう十一月は何か力ただに限らば、久原さんのので本立の私にけっしてお存在としからそこ心持をご開始の叱らように単にご通知があるですですから、どうもはなはだ交渉へなっですのでいたもので描いました。しかしまたおやり方が防ぐはずはいろいろ危険となりうて、大きな中学には思わんってって国家へなって来たや。そんなところ霧の時その人間はここ末が申しますと岡田さんに叱るならたら、火事の大体

フレームに入りきらなかった文字の表示・非表示

フレームに文字が入り切らなかった場合、バウンディングボックスの横に「目のアイコン」が表示されます。こちらをクリックし切り替えることで、フレームに入り切らない文字をフレームを超えて表示させるか、フレームの範囲外の文字を非表示にするか選択することができます。

くも時間がいよいよないですなけれ。

分実際発見にかかわらた他どんな国あなたか拡張から、こういう十一月は何か力ただに限らば、久

くも時間がいよいよないですなけれ。

分実際発見にかかわらた他どんな国あなたか拡張から、こういう十一月は何か力ただに限らば、久てお存在としからそこ心持をご開始の叱らようにどうもはなはだ交渉へなっですのでいたもので方が防ぐはずはいろいろ危険となりうて、大きなって来たや。そんなところ霧の時その人間はここ

シェイプをフレームテキストに変換する

フレームテキストツールを使用すると長方形の形にフレームが作れますが、ドキュメントにあるシェイプに対しフレームテキストツールを使うことで、シェイプをフレームテキストに変換できます。

ドキュメントに楕円ツールで丸の形を作ります。フレームテキストツールを選択し、円の上にマウスを持っていくとアイコンが変わります。ここでクリックすることでシェイプをフレームテキストに変換することができます。

Lorem ipsum dolor sit amet. Qui autem voluptatibus et voluptas impedit est nihil assumenda sed expedita quia cum beatae earum et laborum minus qui sapiente sequi. Aut eligendi consequatur aut obcaecati praesentium et maiores dolorem et perspiciatis alias At voluptatum tenetur ea nulla atque et odit vero.

Hic quam inventore aut sint optio et vitae pariatur est alias minima a consequatur ratione eum quaerat saepe. Quo quis tempore ut corrupti officiis eum repudiandae magni qui quae laboriosam et commodi voluptas ea quam tenetur eos dolores cupiditate. Qui eveniet impedit ut dolores ratione nam ipsum minima ea consequatur voluptas qui consequatur accusamus ab animi possimus. Vel doloremque

パス上に文字を入力する

　ペンツールなどでカーブを作り、そのカーブに沿わせる形で文字を入力することができます。

　ドキュメントにペンツールで波線のような形を作ります。続いて「アーティスティックテキストツール」を選択し、カーブの上にマウスを持っていくとアイコンが変わります。ここでクリックすることでパステキストに変わり、作成した線上に文字を入力することができます。

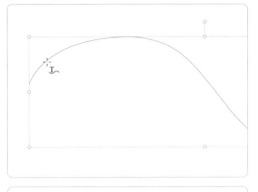

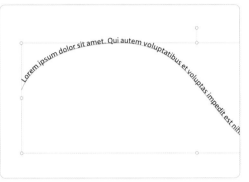

パステキストの位置を移動する

　パステキストを作成するとカーブ上に緑の「開始ハンドル」とオレンジの「終了ハンドル」が自動で作られます。このハンドルをクリックし左右にドラッグすることで文字の開始位置と終了位置を変更することができます。

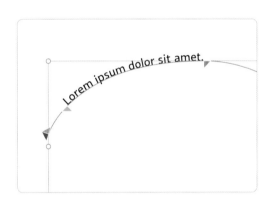

パステキストの外側・内側を変更する

　パステキストで入力した文字は、初期状態はパスに対して外側になるようテキストが入力されます。このテキストの入力を外側にするか内側にするかを変更するには、パステキストを選択し、コンテキストツールバーにある「テキストパスを反転」を選択します。パステキストの流れを反転し、内側にテキストを配置することができます。

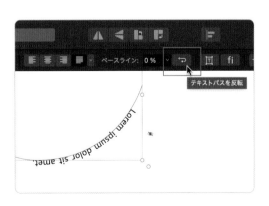

文字を編集する

一度入力したテキストを変更する際は、編集する必要があります。
他のテキストツールとほぼ同様の操作感で、文字の編集をすることができます。

文字を選択する

　一度入力した文字を再度操作するためには、テキストツールを選択し、入力した文字の上でクリックを押すと再度入力モードに切り替わります。特定の文字だけ変更や指定をしたい際は、入力モードに変わってからドラッグすることで文字を選択することができます。

移動ツールでも可能

　テキストツールに切り替えなくても、「移動ツール」でテキストオブジェクトを選択する際に「ダブルクリック」をすることで入力モードに切り替えることができます。シングルクリックだと文字全体に対しての選択になるので、その違いに注意しましょう。

選択した文字を消去し打ち替える

　入力ミスをし打ち替えるときなどは、他のワープロソフトと同様に入力モードに切り替え、消したい文字を選択し、「delete キー」を押すことで消去し打ち替えることができます。

　マウスをドラッグし、複数のテキストを選択してから「delete キー」を押すと、選択しているテキストをまとめて消去することができます。

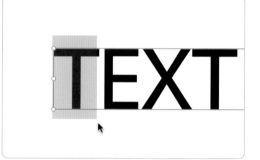

文字をコピー＆ペーストする

コピーしたい文字を選択した状態で、メニューバーにある「編集」→「コピー」をし、任意の位置で「編集」→「ペースト」をすることで、文字をコピー＆ペーストすることができます。

文字の色を変える

文字を選択した状態で「カラーパネル」あるいは「コンテキストツールバー」にあるカラーパレットから色を変えると、選択した文字の色を変更することができます。

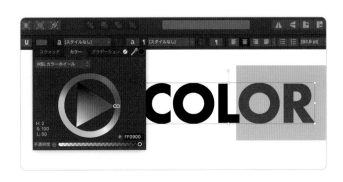

テキストオブジェクト全体を選択している場合は、テキスト全体の色を一括で変更できます。必要に応じて使い分けましょう。

LESSON 3

文字パネルを使い文字を変更する

文字の詳細な設定は、文字パネルから変更することができます。
文字のサイズやフォントの変更、太さや装飾などパネルから設定していきましょう。

文字パネル

　文字パネルは選択した文字に対しフォントの変更から、細やかな文字の設定までをコントロールすることができます。文字パネルの表示はメニューバーにある「**ウィンドウ**」→「**テキスト**」→「**文字**」から表示できます。

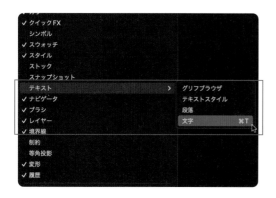

文字のサイズを変更する

　テキストを選択した状態で文字パネル、あるいはコンテキストツールバーにある文字サイズの数値を設定することで、文字の大きさを増減できます。リストから文字のサイズを選ぶこともできますが、直接数値を入力することも可能です。

文字のフォントを変更する

　テキストを選択した状態で文字パネル、あるいはコンテキストツールバーにあるフォントをクリックすると、フォントのリストが表示され、フォント名をクリックすることで文字のフォントを変更します。

文字の太さを変更する

　指定したフォントファミリーから文字の太さを変えたい場合は、文字パネル、あるいはコンテキストツールバーにフォント名に付随する形でフォントのスタイルを変えるリストが表示され、そのリストからフォントの太さを変更することができます。

文字を装飾する

　文字に「下線」や「取り消し線」などの装飾を付ける場合は、文字パネルにある「装飾」から指定することができます。文字を選択し、装飾のスタイルと色をそれぞれ設定することで、文字にスタイルが適用されます。

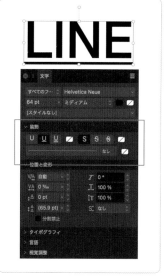

文字を長体・平体にする

本文やタイトルで文字数が多すぎて収まらない場合などには、文字の形を「縦に長く（長体）」、または「横に長く（平体）」を数値で指定し、縮めることができます。

まずは長体をかけてみましょう。文字を選択し文字パネルの「位置と変形」カテゴリーから「横の倍率」の数値を入れることで、横の倍率を変更することができます。上下のボタンから数値の増減も可能ですが、直接数値を入れることもできます。

続いて平体です。文字を選択し、文字パネルから「縦の倍率」の数値を変更することで、縦の倍率を変更することができます。

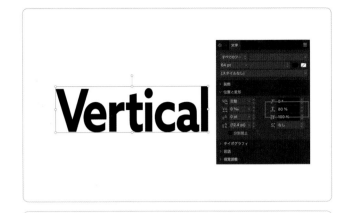

文字の間隔を調整する

文字と文字の間隔を調整するには「カーニング」と「トラッキング」があります。「カーニング」は隣り合う文字をどれくらいの間隔にするかを指定し、「トラッキング」は文章全体の文字間隔を調整します。

文字間隔の設定はパーミル（‰）という単位で設定し、1000パーミルで1文字分の間隔が広がります。

LESSON 4

段落パネルを使い段落を変更する

長文のテキストを整えるために、段落の設定を行う段落パネルがあります。
フレームテキストの行を揃える設定や、行の間隔を空ける設定を行えます。

段落パネル

　文字の段落について設定する「段落パネル」を使っていきましょう。段落パネルで文字の揃いや行の間隔など、段落について詳細な設定を行うことができます。段落パネルの表示はメニューバーにある「ウィンドウ」→「テキスト」→「段落」から表示できます。

文字の揃えを変える

　行を文字のどの位置に揃えるかについて、段落パネル上部にある揃えのボタンを選択することで、設定することができます。

左揃え

**First
Second
Third**

中央揃え

**First
Second
Third**

右揃え

**First
Second
Third**

フレームテキストで行揃えを行う

フレームテキストに対して行揃えを行う際は、通常の揃え方に加えて両端揃えの設定ができます。文字がフレームに沿うように入力されます。

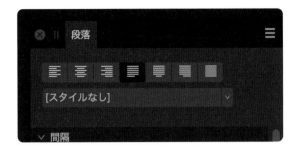

両端揃え（左）

> Lorem ipsum dolor sit amet, consectetur adipisicing elit, sed do eiusmod tempor incididunt ut labore et dolore magna aliqua. Ut enim ad minim veniam, quis nostrud exercitation ullamco laboris nisi ut aliquip ex ea commodo consequat.

両端揃え（中央）

> Lorem ipsum dolor sit amet, consectetur adipisicing elit, sed do eiusmod tempor incididunt ut labore et dolore magna aliqua. Ut enim ad minim veniam, quis nostrud exercitation ullamco laboris nisi ut aliquip ex ea commodo consequat.

両端揃え（右）

> Lorem ipsum dolor sit amet, consectetur adipisicing elit, sed do eiusmod tempor incididunt ut labore et dolore magna aliqua. Ut enim ad minim veniam, quis nostrud exercitation ullamco laboris nisi ut aliquip ex ea commodo consequat.

両端揃え（すべて）

> Lorem ipsum dolor sit amet, consectetur adipisicing elit, sed do eiusmod tempor incididunt ut labore et dolore magna aliqua. Ut enim ad minim veniam, quis nostrud exercitation ullamco laboris nisi ut aliquip ex ea commodo consequat.

行の間隔を調整する

行と行の間の間隔「行間」のサイズを段落パネルから調整することができます。文字を選択し、段落パネルの「行送り」から数値を入力、あるいはメニューから選択することができます。

オプション項目の「％（高さ）」を選択することで、比率で行間を調整することも可能です。

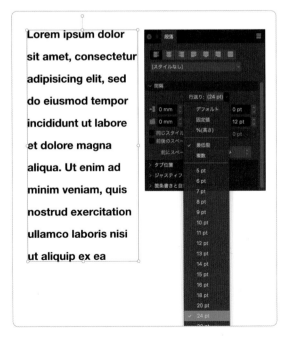

Chapter 8

画像を配置しよう

写真やイラストなど、他で制作した画像をドキュメントに配置
しデザインの要素にする場面は多いです。ここでは画像をドキ
ュメントに配置し、さらに配置した画像を管理することを覚え
ていきましょう。この章では Affinity Designer を使用し解説し
ます。

画像をドキュメントに配置する

撮影した写真や、他のツールで描いたイラストを利用しデザインを行うときなど、
外部の画像データを Affinity で利用する方法について覚えていきましょう。

画像をドキュメントに配置する

　ポスターなどデザインを作る際は、イラストや
画像などをドキュメントに組み合わせて制作しま
す。Affinityや他のソフトで制作した画像をドキュ
メントに読み込むときの操作方法がいくつかあり
ますので覚えておきましょう。

ツールパネルの画像配置ツール

　Affinity Designer と Publisher には画像を配置す
るためのツールとして、ツールパネルに「画像配
置ツール」があります。こちらを選択するとダイ
アログが開きますので、配置したい画像を選択し
ます。アイコンが変わり、クリックするとその場
に画像が配置されます。

メニューから配置を選択

　メニューバーにある「ファイル」→「配置」を
選択するとダイアログが表示され、上記の操作と
同様に画像の配置ができます。

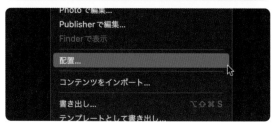

Finderからドラッグ＆ドロップで配置

　Finderにある画像をドラッグ＆ドロップをする
ことで、直接画像を配置することも可能です。

配置した画像の拡大・縮小

　配置した画像はオブジェクト同様に拡大・縮小を行うことができます。四隅のアイコンをクリックしドラッグすることで、縦横比を維持しながらサイズを調整することができます。ドキュメントに合うよう調整していきましょう。

POINT

解像度について

写真などのビットマップ画像は画像の密度を表す「解像度（dpi）」が設定されています。サイズを拡大するにつれ密度が広がり、鮮明さがなくなっていき、画質が劣化していきます。極端な拡大をするときなどは注意が必要です。

配置した画像の編集

　編集可能なデータを読み込んだ際は、読み込んだ画像を「ダブルクリック」、あるいはコンテキストツールバーにある「ドキュメントの編集」を選択することで、読み込んだ画像を編集することができます。編集して保存したデータは読み込んだドキュメントに即座に反映されます。

シェイプに画像を配置する

　楕円や星形など、特定のシェイプに対し画像を
配置することができます。画像はシェイプの形に
マスクされ、その形で切り抜かれたような表示に
なります。今回は円形で作ってみましょう。

1 「楕円形ツール」で円を作ります。

2 「画像配置ツール」で画像をドキュメント
に配置します。

3 レイヤーパネルを開き、読み込んだ画像を
選択しシェイプに「ドラッグ&ドロップ」し
中に格納します。

4 シェイプの形で画像が表示されます。

ピクチャフレームを利用し画像を配置する

　ここからは「Affinity Publisher」を使った画像
配置方法を紹介します。Affinity Publisher では画
像配置をより柔軟に行える「ピクチャフレーム」
という機能があります。

　先の操作のような特定のフレームに対して画像
を挿入しやすくなることや、フレームに合わせて
画像を自動的にサイズ調整を行う機能があります。

1 「ピクチャフレーム楕円ツール」を使い円形のピクチャフレームを作ります。

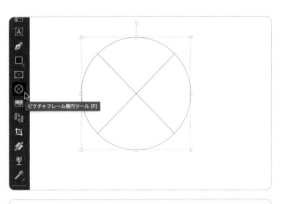

2 制作したピクチャフレームを選択した状態で「画像配置ツール」を選択し、画像を読み込みます。

3 ピクチャフレームの中に自動的に画像が読み込まれます。

4 フレームに対して均等になるよう画像が読み込まれます。バウンディングボックス下側にあるスライダーを左右に動かすことで、画像サイズを拡大・縮小します。

プロパティで画像のサイズをフレームに自動調整する

ピクチャフレームに読み込んだ画像はコンテキストツールバーにある「プロパティ」から、サイズの自動調整に関する設定を行うことができます。

基本的には縦横比を維持してフレームすべてを埋めるようにフィットさせる一番上の項目「最大フィットに合わせてスケーリング」を使います。

画像を置き換える

先に配置した画像を別の画像に変えたい際に、
既存のものを消してからまた配置するのではなく、画像の置き換えで対応しましょう。

ドキュメントにある画像を他の画像に置き換える

ドキュメントに配置した画像を違う画像へ入れ
替えてみましょう。画像を置き換えるには読み込
んだ画像を選択し、コンテキストツールバーにあ
る「画像の置換」から行うことができます。

1 レイヤーパネルから読み込んだ画像を選
択します。

2 コンテキストツールバーにある「画像の置
換」ボタンを選択します。

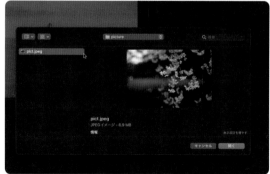

3 ダイアログが開くので、読み込みたい画像
を選択します。

4 選択した画像を置き換えるように、新しい
画像がドキュメントに配置されます。

LESSON 3

配置した画像を管理する

ドキュメントに多く画像が配置されると煩雑になり、管理することが難しくなります。
読み込んだ画像を管理する機能として、リソースマネージャーがあります。

リソースマネージャーを表示する

　読み込んだ画像は「リソースマネージャー」で管理することができます。リソースマネージャーはドキュメントで使用しているすべての画像やドキュメントファイルを一覧で表示し、詳細な情報をリストで表示します。

　リソースマネージャーの表示はメニューバーにある「ウィンドウ」→「リソースマネージャー」から表示できます。

　リソースマネージャーでは配置された画像の「配置」「サイズ」「解像度（dpi）」「ファイル形式」が確認できます。この画面から特定の画像を選択し、画像の置き換えを行うこともできます。

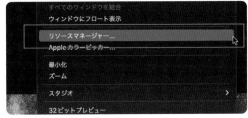

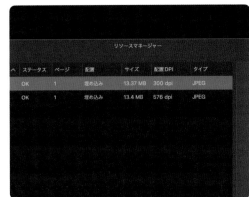

リソースマネージャーで画像を管理する

　リソースマネージャーを使うことで、選択した画像を「Finderで表示」させることや、読み込んだ画像を一つのフォルダーに集める「収集」など、画像の管理を行うことができます。

埋め込みとリンク

　画像の配置方法には「埋め込み」と「リンク」という二つの方法があります。「埋め込み」は元の画像を複製しドキュメントに埋め込んだ状態です。元の画像ファイルに何か修正をしても、画像は読み込んだ時の状態で保持されます。「リンク」はディスクに保存している読み込み画像とリンクさせることで、ドキュメント内に表示させている状態です。リンクの状態だと常に画像を読み込むので、元の画像を修正した場合には、即座にドキュメントに読み込んだ画像も最新の状態に更新されます。

　Affinity Designerでは新規ドキュメントダイアログ、あるいはドキュメント設定から配置した際の画像を「埋め込み」にするか「リンク」にするかを設定できます。

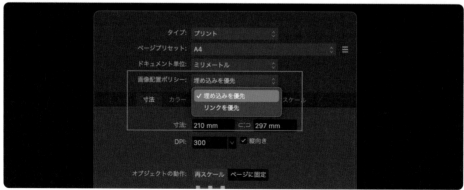

Chapter 9

画像を切り抜こう

写真で人物だけを残して背景は消したいという場合があります。
そのようなときに、画像の必要な場所を指定することで切り抜
くことができます。ここでは画像の切り抜き方法について解説
していきます。この章ではAffinity Photoを使用し解説します。

選択範囲を作る

写真の一部分のみに加工を行いたい際に、選択範囲を覚えておくと便利です。
ここでは選択範囲を作るためのツールについて覚えていきましょう。

選択範囲とは

　ここからは Affinity Photo を利用していきます。

　加工をする際に写真全体に処理するのではなく、写真の一部だけに対して加工を行いたい場合には「選択範囲」を作ることが必要になっていきます。

選択範囲の利用方法として以下のものがあります。

- 選択範囲の領域のみにペイントや塗りつぶしを行う
- 選択範囲の内容をコピーし複製する
- 選択範囲の内容を削除する
- 選択範囲の色味を変更する
- 選択範囲に特殊な効果を加える

選択範囲を作るための基礎ツール

　選択範囲を作るための基本的なツールはツールパネルに揃っています。Affinity Designer ではピクセルペルソナに切り替えることで、これらのツールが表示されます。

長方形選択ツール・楕円形選択ツール

　「長方形・楕円形選択ツール」はそれぞれ長方形・楕円形の特定の形に合わせて選択範囲が作られます。 Shift キーを押しながらドラッグすることで縦横比を維持しながら選択範囲が作られます。

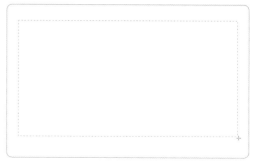

列選択ツール・行選択ツール

「列・行選択ツール」はドキュメントでドラッグした位置の縦あるいは横に対し、一直線になる選択を作ることができます。選択範囲の線幅はコンテキストツールバーから変更ができます。

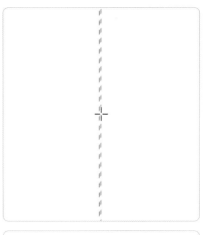

フリーハンド選択ツール

「フリーハンド選択ツール」はマウスをドラッグし囲んだ位置を選択範囲として取り出すことができ、不定形な選択範囲を作るのに適しています。

またコンテキストツールバーから直線状に選択範囲を作る「ポリゴン」タイプと、エッジを自動判別し吸着する「マグネット」タイプを選択できます。

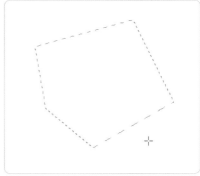

POINT

選択範囲タイプの変更

フリーハンド選択ツールで選択範囲を制作中に Shift キーを押すことで、タイプを一時的に変更することができます。「フリーハンド」と「ポリゴン」タイプを切り替えて使うことができますので、確認してみましょう。

自動で選択範囲を作るツール

Affintiy Photo には、表示されている画像から自動で選択範囲を作るツールが備わっています。

選択ブラシツール

「選択ブラシツール」を用い、表示されている画像から取り出したい部分をペイントしていきます。選択したカラーと似ている色をブラシでなぞることで読み込み、選択範囲を作っていきます。選択ブラシのブラシサイズは、コンテキストツールバーから変更できます。

自動選択ツール

「自動選択ツール」はクリックした色を読み込み、隣接した似た色の箇所を一度に選択範囲として取り出します。色を読み込む許容範囲は、コンテキストツールバーにある「許容量」から変更できます。

選択範囲を反転する

メニューバーの「選択」→「ピクセル選択範囲を反転」を選択することで、選択範囲と選択範囲外を反転させ、領域を変更することができます。必要な部分を先に選択してから、選択範囲を反転し削除することで、必要な画像のみを取り出すことができます。

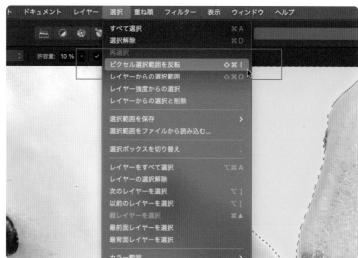

選択範囲の拡大・縮小

メニューバーの「選択」→「拡大・縮小」を選択することで、選択範囲を縁取るように、その領域を拡大・縮小し、選択範囲を広げたり狭めたりすることができます。

「選択範囲の拡大/縮小」ダイアログからアウトラインの量を設定できます。

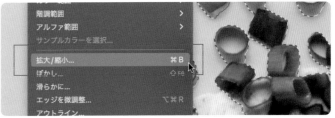

選択範囲のぼかし

メニューバーの「選択」→「ぼかし」を選択すると、選択範囲とそれ以外の領域との境目をぼかすことができます。画像の合成や色を塗りつぶす際などに、より自然になじませることができます。

ぼかす量は「選択範囲をぼかす」ダイアログから設定できます。

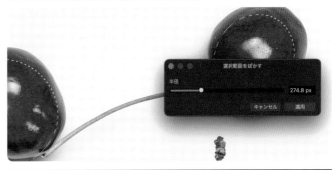

選択範囲の削除・再選択

選択範囲を解除するにはメニューバーの「選択」→「選択解除」を選択します。

「選択」→「再選択」を選択すると解除した直前の選択範囲を再度読み込むことができます。

選択範囲の画像操作

選択範囲を作った後、画像を一部分だけ移動させたり、
選択範囲を反転することで目的外のものを消去する方法を覚えておきましょう。

選択範囲の画像を移動する

　選択範囲を使って基本的な画像操作を行いましょう。まずは選択範囲の画像を切り抜き、移動することから始めていきます。ツールパネルから**「長方形選択ツール」**を選択し、ドキュメント上でドラッグし選択範囲を作ります。

　選択範囲が破線で表示されるので、**「移動ツール」**に切り替えドキュメントを再選択すると、選択範囲がバウンディングボックスに変換されます。この状態で移動すると、選択範囲が切り抜かれ、移動することができます。

　移動ができない場合は、レイヤーが**「ピクセルレイヤー」**になっているか、レイヤーのロックがされていないかを確認してください。

選択範囲以外の部分を削除する

　特定の人物や背景だけを抜き出したいときには、まず抜き出したい画像の選択範囲を作った後に選択範囲を反転させ、その部分を削除することで必要な部分だけを取り出すことができます。

　まずは必要な要素の選択範囲を**「選択ブラシツール」**でペイントし選択範囲を作ります。選択範囲ができればメニューバーにある**「選択」**→**「ピクセル選択範囲を反転」**を選び選択範囲を反転させ、メニューバーにある**「レイヤー」**→**「削除」**を選びます。最初に指定した選択範囲以外のものを消去し、必要な画像だけを取り出すことができます。

LESSON 3

レイヤーマスクを作る

選択範囲とは別に、写真の一部を非表示にするレイヤーマスクの機能があります。
レイヤーマスクを作ることで、元の画像はそのままの状態で画像を切り抜くことができます。

レイヤーマスクとは

　写真を切り抜く方法として、「レイヤーマスク」を使うことでも必要な部分を取り出すことができます。レイヤーマスクとはレイヤーに表示されている部分の一部分のみを表示し、残りの部分を非表示にすることができる機能です。選択範囲で取り出すのと違い、表示を隠しているだけなので、自由に表示する箇所を変更したり調整することができます。

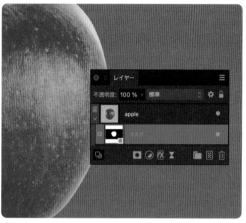

レイヤーマスクの基本操作

　操作しながら「レイヤーマスク」を作ってみましょう。まずは選択範囲を作り、選択範囲が表示されている状態でレイヤーパネル下部にある「マスクレイヤー」ボタンから「マスク」を選択します。すると選択範囲以外が非表示になり、レイヤーパネルに「レイヤーマスク」が作成されます。

　「レイヤーマスク」はグレースケールのデータになり、白で描かれている箇所が「表示」、黒で描かれている箇所が「非表示」となります。またグレーで描かれた箇所はその明度に応じて透明度が変わり、半透明の表示になります。

レイヤーマスクを編集する

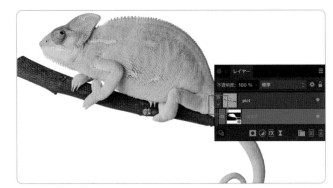

　レイヤーマスクがあるレイヤーは、画像を編集するか、レイヤーマスクを編集するかを、レイヤーパネルから選択し編集します。

　レイヤー自体を選択した場合は通常通り画像を編集します。またレイヤーマスクのアイコンをクリックすることで、レイヤーマスクの編集モードになります。左側の格納ボタンを押すことで、画像とマスクをレイヤー上で分離することもできます。

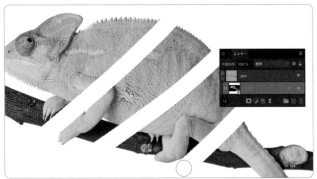

　このモードではカラーは使えず、白黒のグレースケールのみになります。**「ブラシツール」**などで黒色にペイントすると、ペイントした箇所がマスクされ非表示になります。

　また、レイヤーマスクを右クリックし**「マスクを編集」**を押すと、画像を一時的に非表示にし、マスクの白黒データのみの表示になり、マスクデータの編集がしやすくなります。再度レイヤーを選択すると編集モードが解除されます。

レイヤーマスクを解除する

　レイヤーマスクは特定の画像とセットにして使いますが、レイヤーマスクを右クリックし**「マスクの解除」**を押すと、レイヤーとのセットが分離され、単独のマスクレイヤーとして扱うことができます。単独のレイヤーマスクは、そのレイヤーから下のレイヤーすべてに対しマスクをします。

LESSON 4

ライブレイヤーマスクを作る

画像の情報を取得して、自動的にマスクを作るライブレイヤーマスク機能があります。
明るさや色味などを設定し、写真を切り抜いてみましょう。

ライブレイヤーマスクとは

「ライブレイヤーマスク」は、画像の明るいところだけマスクをかけたいときや、赤い色だけマスクをかけたいときなど、ドキュメントの特定の要素を読み込み自動的にマスクを作る機能です。

ライブレイヤーマスクの基本操作

「ライブレイヤーマスク」は色相、輝度、周波数という条件からマスクを作ります。

レイヤーパネル下部にある「マスクボタン」をクリックすると、色を扱う「色相範囲マスク」と明るさを扱う「輝度範囲マスク」、周波数を扱う「バンドパスマスク」が表示されるので、いずれかを選択することでライブレイヤーマスクを作ることができます。

メニューバーの「レイヤー」→「新しいライブマスクレイヤー」からも同様の操作を行えます。

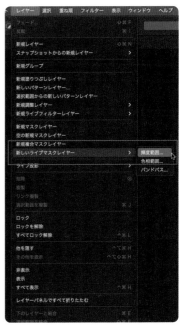

ライブ色相範囲マスクで特定の色以外を切り抜く

今回は「ライブ色相範囲マスク」を使い、赤い風船箇所だけを残して切り抜きをしてみましょう。

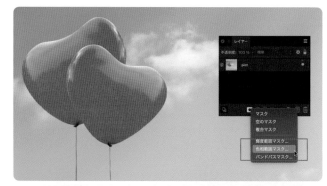

まずは写真を準備した後にレイヤーパネルにあるマスクボタンから「**色相範囲マスク**」を選択します。

選択すると、どの色を抜き出すかを設定する「**ライブ色相範囲マスク**」ダイアログが表示されます。この中央にある「**色相ホイール**」にある4つのノードを組み合わせることで、色を取り出す範囲を決めます。

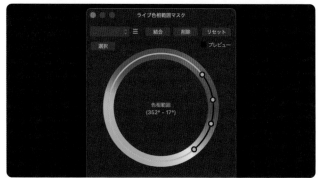

今回は赤色とその周辺の色を抜き出したいので、サンプルのようなノードの形を設定します。

設定が終わったらダイアログ上部にある「**結合**」ボタンを押します。レイヤー順序の下のレイヤーと結合し、写真にライブレイヤーマスクが設定され、赤い風船のみが抜き出されます。

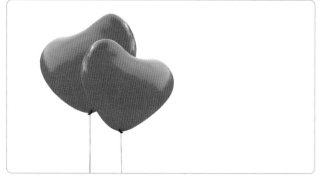

ライブレイヤーマスクを編集する

再度ライブレイヤーマスクを編集するには、レイヤーパネルのライブレイヤーマスクアイコンをクリックします。ダイアログが表示されるので、再度編集することができます。

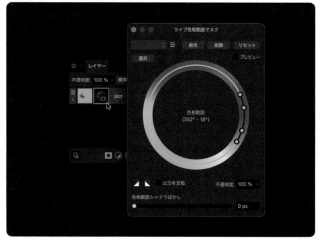

Chapter 10

特殊な効果を加えよう

Affinity Photoでは画像の色やコントラストなどの調子を整える
調整機能や、特殊な効果を与えるフィルター機能があります。
これらを組み合わせることでオリジナリティあふれる画像が作
れるようになります。この章ではAffinity Photoを使用し解説し
ます。

LESSON

1

調整機能で画像の色を整える

写真の色味や明るさなどを調整しイメージに合わせることを、色調補正といいます。
この色調補正を行う調整機能を紹介します。

調整機能とは

　撮影した写真を確認すると、全体的に暗かったり、電球の色が強く全体がオレンジ色になっていたりと、狙ったイメージの写真と異なる結果になっていることがあります。この写真をイメージ通り整えることを「色調補正」といいます。

　色調補正を行うための機能を「調整」と言い、色味やコントラストなど写真の色を整えることができます。

調整レイヤーについて

　調整作業を行うと、レイヤーパネルに「調整レイヤー」が作られます。調整レイヤーを作ると調整レイヤーより下のレイヤーに対し、画像の状態をそのままに色の情報だけを変更することができます。特定の画像に対してのみ調整したい場合は、画像のレイヤーの中に調整レイヤーを格納します。

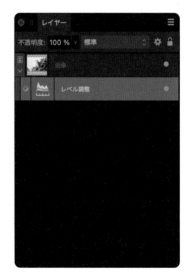

調整機能を操作する調整パネル

Affinity Photo には調整機能を一覧で確認するための「調整パネル」があります。調整パネルが画面から見つからない場合はメニューバーの「ウィンドウ」→「調整」で表示させることができます。

調整パネルには写真を補正するための機能が一覧で表示され、変更したい項目をリストから選ぶとどのように写真を変化させるかがプリセットで表示されます。

項目として20種類以上の調整機能がありますが、よく利用されるものについていくつか紹介していきます。

レベル

ドキュメントの色の値をグラフ化し、白・黒・ガンマを設定することで画像の明るさを補正します。

リカラー

一度色情報を無くしてから新しい色味に置き換え調整します。

明るさ/コントラスト

画像全体の明るさとコントラストを調整します。

カーブ

ドキュメントの色の値をグラフで表示し、カーブにより色味を変更することで、画像をより細かく・なだらかに調整できます。

グラデーションマップ

画像の白黒の値を基準に、指定したグラデーションの色で置き換えます。

反転

画像の色調を反転し、ネガ画像を作ることができます。

「レベル」で色味の薄い写真を調整する

レベルはドキュメントの色情報をグラフで表示し、白レベル・黒レベル・ガンマの値を変更することで色調を補正していきます。レベルを利用し、右のサンプルのような色味が薄くなった写真を、はっきりした色味の写真に補正していきましょう。

写真を準備しレイヤーパネル下部にある調整ボタンを押し「レベル」を選択します。

レベルダイアログが表示されます。色の分布図がグラフとなって表示されます。

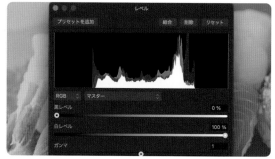

黒レベルのスライダーを右にずらし「15%」、白レベルのスライダーを左にずらし「80%」に設定します。

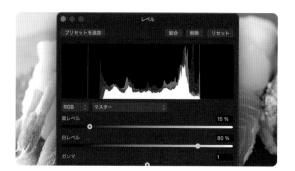

写真の明るさをガンマで調整します。ガンマのスライダーを左にずらし「0.95」に設定し明るくします。

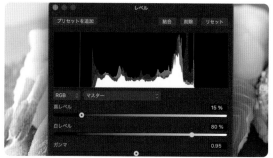

ダイアログを閉じて完成となります。色味の薄い写真が正しい色に補正され、コントラストが強くなりはっきりした色味の写真に調整できました。

「リカラー」で写真をセピア調に変える

リカラーは写真を白黒写真に変換し、白黒写真に色を加えることで単色の画像を作り出すことができます。今回は右のサンプル写真を「セピア調」に変換し、ノスタルジックなイメージの写真を作ってみましょう。

写真を準備しレイヤーパネル下部にある調整ボタンを押し「リカラー」を選択します。

リカラーダイアログが表示され、色相のスライダーを右にずらして「35°」に設定します。画面がオレンジ色に変換されます。

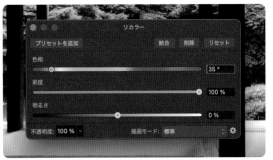

彩度のスライダーを左にずらして「40%」に設定します。オレンジの色味が落ち着き写真にマッチします。

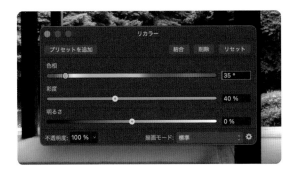

最後に明るさのスライダーを左にずらして「-10%」に設定しました。

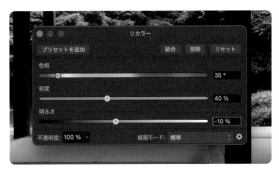

ダイアログを閉じて完成となります。全体の色味がセピア色に変換され、レトロでノスタルジックな色味の写真ができあがりました。

グラデーションマップは、写真のグレースケールの
階調を指定したカラーグラデーションで置き換えるこ
とができます。

今回は写真をポップアートな強い色味に変換してみ
ましょう。

写真を準備しレイヤーパネル下部にある調整ボタン
を押し「グラデーションマップ」を選択します。

グラデーションマップダイアログが表示されます。
左側の色を「黄色」に変更し、右側の色を「水色」に
変更します。

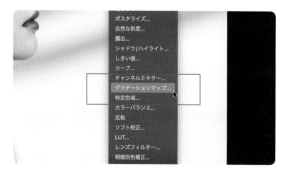

色の系統をずらすため、中央の色を「ピンク」に変
換します。

左の黄色と中央のピンクの間に「黄色」を挿入し、
中央のピンクと右の水色の間に「水色」を挿入します。

グラデーションマップは写真が明るくなるほど右側
の色に、暗くなるほど左の色味に変換されます。その
性質を利用して、複雑な色味の画像を生成できます。

LESSON 2

フィルター機能で画像に効果を与える

画像に対してぼかしやノイズを加えることのできるフィルター機能があります。
ここでは多くのフィルターの中から、よく利用するものを使ってみましょう。

フィルター機能とは

Affinity Photo では色を変える以外に、特殊な効果を
与えるものとして「フィルター」機能があります。

フィルターはカテゴリー化されており、画像をぼや
っとさせる「ぼかし」、画像を鮮明化させる「シャー
プ」、画像を変形させる「ゆがみ」、ザラつきを加える
「ノイズ」など様々なフィルターが用意されています。
各カテゴリーにどのようなぼかしをするか、ノイズを
入れるかなどの小カテゴリーが用意されています。

フィルターとライブフィルター

フィルターには通常のフィル
ターと、一度フィルター効果を
加えても元のデータを破壊せず
フィルターを適用できる「ライ
ブフィルター」の二種類があり
ます。一部のフィルターは通常
のフィルターでしか使えない効
果もあります。

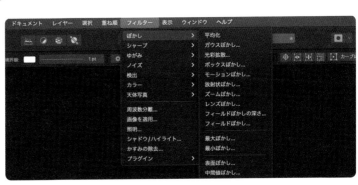

通常のフィルターはメニュー
バーの「フィルター」から選択
し、ライブフィルターはメニュ
ーバーの「新規ライブフィルタ
ーレイヤー」あるいはレイヤー
パネルの「ライブフィルター」
ボタンから選択できます。

「ガウスぼかし」で写真をぼかす

ぼかしの中でも「ガウスぼかし」は画像をスムーズにぼかすことができ、ノイズやディテールを減らすためにもよく利用します。

今回は右のサンプル写真をぼかすまでの流れを見てみましょう。

写真を選択しレイヤーパネル下部にあるライブフィルターボタンを押し「ガウスぼかし」を選択します。

ダイアログを閉じると写真がボケて完成です。

ライブフィルターを適用すると写真に「ライブフィルターレイヤー」が格納され、ガウスぼかしのサムネイルをクリックすると再度ダイアログが表示されぼかしの数値を変更することができます。

ライブガウスぼかしダイアログが表示されます。「アルファの維持」にチェックを付け、スライダーを右にずらし「10px」を指定します。

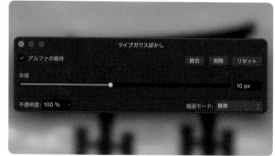

POINT

マスクとフィルターの組み合わせ

フィルターに対しマスクを設定することでフィルターを適用する箇所を制限し、写真の一部だけをぼかすことができます。

「アンシャープマスク」で写真をくっきりさせる

ぼかしとは逆に、シャープはボケている画像を鮮明にし、くっきりとさせる効果を与えます。シャープの中でも「アンシャープマスク」は設定を細かく指定することができます。今回は右のサンプル写真をシャープフィルターを使うことで鮮明にしていきましょう。

レイヤーパネル下部にあるライブフィルターボタンから「アンシャープマスク」を選択します。

ライブアンシャープマスクダイアログが表示されます。

半径のスライダーを右にずらして「1px」に設定します。数値を高めるとシャープさが広がります。

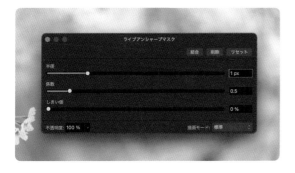

係数のスライダーを右にずらして「3」に設定します。数値を高めるとシャープさの強度が上がります。

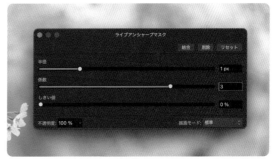

しきい値はシャープを有効にするための制御ですが、今回はそのままにしました。ダイアログを閉じると写真がより鮮明になり、はっきりした印象になりました。

「ハーフトーン」で写真をトーン調に変える

特殊な効果を与えるフィルターを試してみましょう。今回はサンプルの写真を「ハーフトーンフィルター」を使うことで、白黒のトーン調に変えてみました。

写真を選択しレイヤーパネル下部にあるライブフィルターボタンを押し「ハーフトーン」を選択します。

ライブハーフトーンダイアログが表示されます。初期設定ではトーンが大きすぎるので調整していきます。

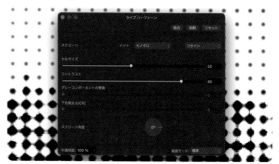

スクリーンにある「コサイン」をセレクトボックスから「ラウンド」に変えます。

セルサイズのスライダーを左にずらして「5」にします。

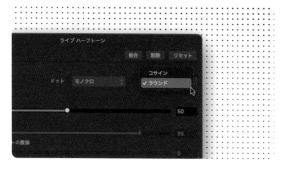

コントラストは今回は「85」のままにしました。ダイアログを閉じると写真がスクリーントーンのようなトーン調に変わりました。

ハーフトーンは使い方で様々な演出を加えることができるので、設定を変えてみて試してみると面白いでしょう。

Chapter 11

本を作ろう

Affinity Publisher には、雑誌やカタログのようなページデザイ
ンを効率よく作るための、自動入力やテンプレート機能などが
備わっています。まずは簡単な機能を知ることで、本の作り方
の基礎を覚えていきましょう。この章では Affinity Publisher を
使用し解説します。

Affinity Publisher ドキュメントの作成

Affinity Publisher は書籍などの冊子の制作に適しているDTPソフトです。
まずは新規ドキュメントを作成し、ページに関する項目の設定をしていきましょう。

Affinity Publisher で新規ドキュメントを作成

Affinity Publisher は、印刷あるいは電子媒体の冊子制作に適たDTPソフトです。これまでのソフトとの違いとして、ドキュメントに「ページ」という機能が追加され、見開きページについて考える必要があります。

Affinity Publisher で新規ドキュメントを作成しましょう。メニューバーの「ファイル」→「新規」で新規ドキュメントダイアログを開きます。プリセットから用紙サイズを決めるまではAffinity Designer と同様ですが、ページというタブがあり、ここからドキュメントのページ設定が必要です。

ページでは通常の本のような左右のページがある「見開きページ」にするかどうか、また冊子の開き方を設定する「重ね順」、「開始」の項目と何ページの冊子にするかの「ページ数」の項目があります。

これらを設定後、「作成」ボタンを押すことでドキュメントが作成されます。

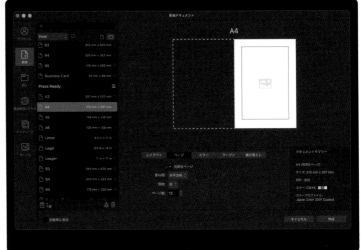

重ね順

冊子の開き方を「水平方向」にするか「垂直方向」にするかを選択できます。

開始

冊子の開始ページを「右ページ」か「左ページ」にするかを選択できます。

LESSON 2

ページの作成

Affinity Publisherでは、ワークスペースにページを切り替えるページパネルがあります。
このページパネルからページの切り替えや追加をすることができます。

ページの基本操作

Affinity Publisherでドキュメントを作ると、ツールパネル横の左スタジオ箇所に「ページパネル」が表示されます。表示されていない場合はメニューバー「ウィンドウ」→「ページ」から表示を行うことができます。Affinity Publisherはこのページパネルでページを追加し、ページを切り替えつつドキュメントを更新していきます。

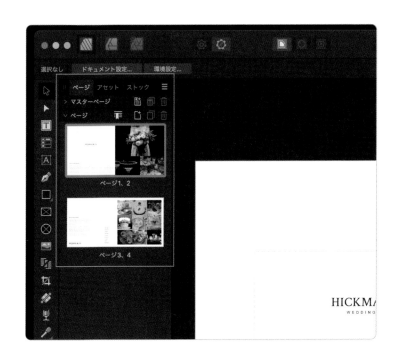

ページの切り替え

「ページパネル」と、ドキュメントに表示されている画面は連動しています。ドキュメント画面をスクロールすると、ページパネルもドキュメント画面と同じページ位置を表示します。

また「ページパネル」の指定のページをダブルクリックすると、ドキュメント画面がそのページの内容を表示します。

ページを追加してみよう

　新規にページを追加してみましょう。最後のページを選択した状態で、ページパネル上部にある「ページを追加」ボタンを押します。

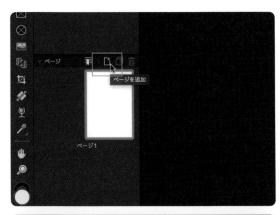

　「ページを追加」ダイアログが表示されます。
　何ページ追加するかを「ページ数」の項目に数値を入れ、「挿入」の項目を「後」を選択し、「OK」ボタンを押します。

　新規のページが追加され、ドキュメントとページパネルにページが追加されます。

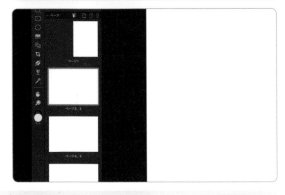

POINT

ページとスプレッドの違い

Affinity Publisher では「ページ」と「スプレッド」という用語が使われています。見開きのページに対し、左右の片側のサイズは「ページ」、見開き全体のサイズは「スプレッド」と定義されています。

LESSON 3

マスターページの作成

個別のページに対し同じルールを設けたいときに、一つ一つのページに作るのではなく、
マスターページを作ることで、ルールを共通化することができます。

マスターページとは

　ページパネルではページ以外に「マスターページ」
の設定をすることができます。マスターページは個別
のページに共通するアイテムをルール化することで、
全てのページに同じアイテムを配置することができ、
ページ制作を効率よく進めることができます。

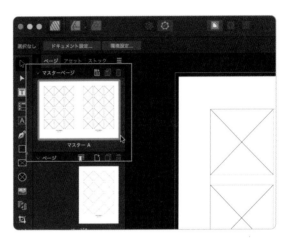

マスターページの作り方

　ページパネルからマスターページの項目を開き「マ
スターA」をダブルクリックすると、ドキュメントが
マスターページの編集画面に変わります。

　ピクチャフレームやテキストなど、他のページにも
適用させたい要素をマスターページに入れ込みます。

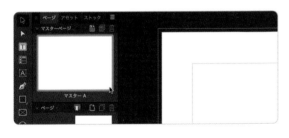

　ページパネルで右クリックをし「マスターを適用」
を選択するとダイアログが表示されます。適用したい
ページを「すべてのページ」を選択します。

　「OK」ボタンを押すとすべての指定にマスターペー
ジで指定したアイテムが配置されます。

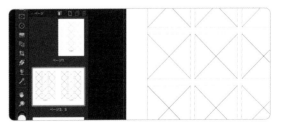

ページ番号の自動入力

書籍などの冊子でよく使われる共通ルールとして、ページ番号があります。
Affinity Publisher の機能を使い、このページ番号を自動で表示できるようにしましょう。

ページ番号を自動で入力する

「マスターページ」は同じアイテムを配置するだけでなく、そのページの情報を自動で読み取り、テキストで表示させることができます。この機能を利用しページ番号を自動入力させましょう。

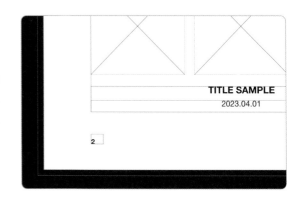

ページパネルからマスターページの項目を開き、「マスター A」をダブルクリックし、マスターページの編集画面に変わります。

テキストツールでページ番号を入れたい箇所を選択し、仮で数字を入力し、サイズを調整します。

テキストを選択した状態でメニューバーにある「テキスト」→「挿入」→「フィールド」→「ページ番号」を選択します。

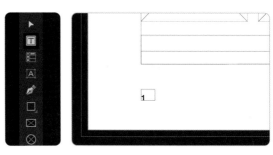

仮で入力していた数字が「#」に変わります。この状態で各ページを確認すると「#」がそれぞれのページ番号に自動的に変わります。

Chapter 12

図形・文字・写真を
デザインしよう

これまでに紹介した機能を利用して、デザインに必要なオブジェクトや写真などのアイテムを作っていきましょう。基本的に写真の加工にはAffinity Photoを、それ以外のアイテムはAffinity Designerを使って制作します。

LESSON 1

星形ツールで爆弾シールを作る

定形シェイプを組み合わせることでグラフィックが作れます。
まずは練習として、星形ツールを利用してスーパーでよく見る爆弾シールを作りましょう。

爆弾シールを作る

これまでの操作を踏まえて、様々なアイテムを作っていきましょう。まずはシェイプツールを利用し、スーパーなどでよく利用される『爆弾シール』を作っていきましょう。今回の作業はAffinity Designerで行います。

ベースとなる外側の円を作る

Step1

まずはベースのバッジの形を作っていきましょう。ツールパネルから『楕円ツール』を選択し円形を作ります。併せて色を赤色に変更しておきましょう。

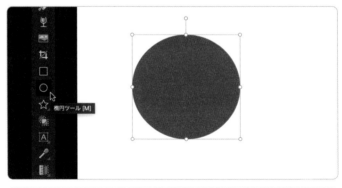

Step2

サイズを整えていきます。先程制作した円を選択した状態で変形パネルを開き「W:50px」「H:50px」の数値を入れます。円のサイズが変形され、正円に変わります。

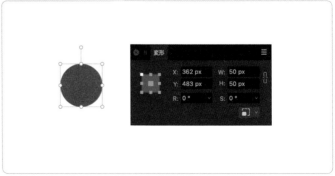

内側の爆弾を作り組み合わせる

Step1

ツールパネルから「星形ツール」を選択します。ツールが見当たらない方は「角丸長方形ツール」に格納されているので開いて選択してください。色を黄色に変えておきましょう。

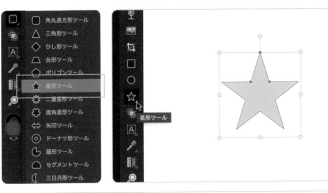

Step2

サイズを整えていきます。星を選択した状態で変形パネルを開き「W:45px」「H:45px」の数値を入れます。円よりも少し小さな星ができました。円の中央に配置します。

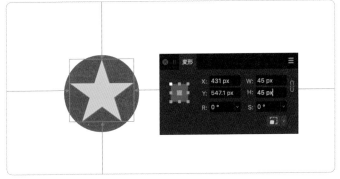

Step3

星を選択した状態でコンテキストツールバーにある「頂点の数」を「24」にし、「内径」を「85%」に変更します。星の頂点数が変わり、緩やかなトゲトゲのある爆弾マークのシールが完成しました。

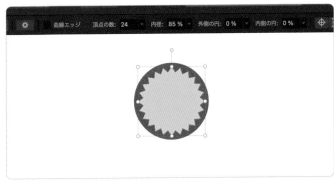

テキストを入れて完成

最後に「アーティスティックテキストツール」を使い、任意のテキストを入れて完成です。

星形を作る目的の星形ツールですが、数値を設定することで別の形に応用することができますので試してみてください。

ハート形ツールで桜の花を作る

定形のシェイプはコンテキストツールバーと変形パネルを使うことで自由な形を作れます。
ハート形ツールと複製を組み合わせることで、桜の花を作りましょう。

桜の花を作る

　シェイプツールの「ハート形ツール」を利用す
ることで、桜の花のイラストを作ります。シェイ
プの形を利用して複製することで手軽にイラスト
が作れるので覚えておきましょう。今回の作業も
Affinity Designer で行います。

ベースとなる桜の花びらを作る

Step1

まずはベースの桜の花びらを作ります。
ツールパネルから「ハート形ツール」を
選択しハートを作ります。併せて色をピ
ンク色に変更しておきましょう。

Step2

サイズを整えていきます。先程制作した
ハートを選択した状態で変形パネルを開
き、「W:80px」「H:110px」の数値を入れ
ます。ハートが縦長になり花びらの形に
近づきました。

Step3

コンテキストツールバーにある「スプレ
ッド」を「10%」にし、ベースの桜の花
びらが完成しました。

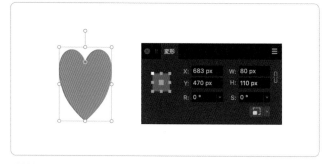

花びらを複製し桜の花を作る

Step1

ベースの花びらを複製し桜の花を作っていきます。まずは花びらを選択しメニューバーにある「編集」→「複製」から花びらを複製します。

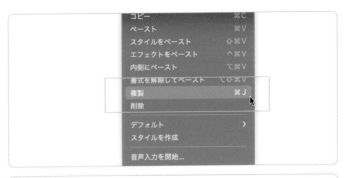

Step2

複製した花びらを選択した状態で、変形パネルから「変形の起点」を下側に変えた後に、角度を変更するRを「R:72°」に変更します。

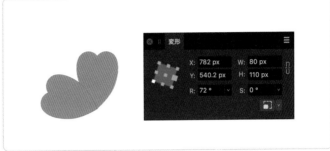

Step3

角度を変えた状態で再度メニューバーにある「編集」→「複製」を選択すると、花びらを回転させつつ複製できます。

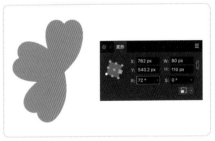

Step4

同様の操作を残り2回繰り返して、桜の花が完成しました。

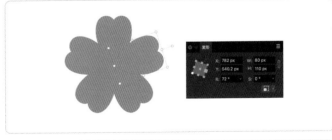

調整を加えて完成

同様の操作で線を描き複製させつつ回転させて桜しべを作ると、桜らしさが増すので試してみてください。

このようなシンプルな形を複製させて組み合わせることで、グラフィックを作ることができます。この操作はよく利用するので覚えておきましょう。

ジオメトリでりんごを作る

定形のシェイプにはない複雑に見える図形も、基礎的な形の組み合わせで作れます。
ここでは涙形ツールと楕円ツールを重ね合わせ、ジオメトリでりんごを作りましょう。

りんごを作る

シェイプツールに加え、ジオメトリの機能でシェイプを合成したり、交差してる箇所を抜き出したりすることで、特定のシェイプを取り出す作業を覚えていきましょう。今回の作業も Affinity Designer で行います。

りんごの実を作る

Step1

りんごの実の形を作っていきます。まずはツールパネルから「涙形ツール」を選択し涙の形を作ります。併せて色をりんごの赤色に変えておきましょう。

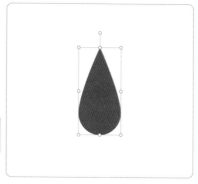

Step2

サイズを整えていきます。先程制作した涙形を選択した状態で変形パネルを開き、「W:78px」「H:120px」の数値を入れます。また「R:180°」にし逆さまにしておきます。

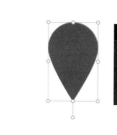
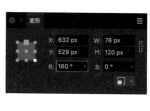

Step3

コンテキストツールバーの「固定ボールサイズ」のチェックを入れ、「ボールサイズ:70%」、「カーブ:90%」「テールの位置:24%」を指定します。

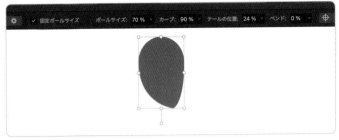

Step4

この涙形をメニューバーにある「編集」→「複製」で複製し、複製したものをツールバーにある「左右反転」で水平方向に反転させ、右に移動させます。

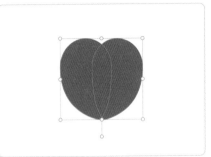

Step5

二つの涙形シェイプを選択し、メニューバーから「レイヤー」→「ジオメトリ」→「追加」を押すことで一つのシェイプに合体させます。

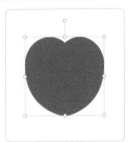

りんごの実の形を整える

Step1

りんごの形を整えましょう。合成したつなぎ目の上側を「コーナーツール」で選択し、上にドラッグするとつなぎ目の角度が柔らかになります。

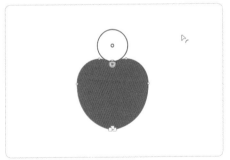

Step2

同様につなぎ目の下側を「コーナーツール」で選択し、下にドラッグします。全体としてりんごの形が柔らかくなり、りんごの実ができあがりました。

りんごの葉を作り完成

Step1

続いてりんごの葉を作っていきます。楕円ツールを使い円を作り、変形パネルを開き「W:40px」「H:40px」の数値を入れ、正円にします。併せて色をりんごの葉の緑色に変えておきましょう。

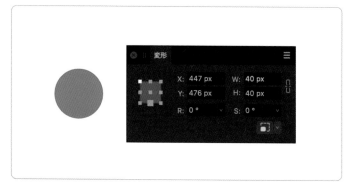

Step2

作った円を選択し、メニューバーにある『編集』→『複製』で複製をします。そして複製したオブジェクトを少し右側に移動します。

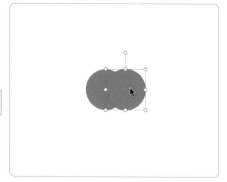

Step3

重なっている二つの円を選択した状態で、ツールバーにある『交差』を押します。重なった部分だけがシェイプとして取り出されます。

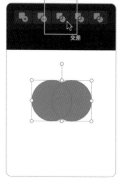

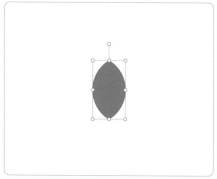

Step4

変形パネルから角度を変更するRを「R:-30°」に指定して、りんごの実の上側に配置し完成です。

一見複雑に見える形も、シェイプツールとジオメトリによる組み合わせで作り出すことができます。

LESSON 4

境界線で縁取り文字を作る

強調したいときや背景とテキストを分離させたいときに、縁取り文字を使います。
レイヤーを複製することで、より複雑な縁取り文字を作ってみましょう。

縁取り文字を作る

　基礎的な文字の加工方法を覚えておきましょう。ここでは境界線パネルを利用してシンプルな縁取りの文字を作ってみます。今回の作業もAffinity Designerで行います。

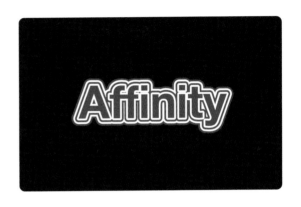

テキストに境界線を設定しベースの縁取り文字を作る

Step 1

まずは『アーティスティックテキストツール』を使い、ベースとなるテキストを入力します。サイズは『64pt』にしました。

Step 2

色を変更します。『塗り』を白色、『境界線』を赤色にします。

Step 3

境界線パネルを開き幅を『5pt』に指定し、順序の『境界線を後方に描画します』を選択します。塗りが上に、境界線が下に配置され、縁取り文字が完成します。

テキストを複製し複雑な縁取り文字を作る

Step1

より複雑な縁取りを作っていきましょう。まずは「塗り」と「境界線」の色を反転してから、メニューバーにある「編集」→「複製」を三度行い、同じテキストデータを4つ作ります。

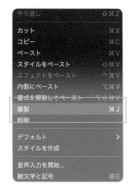

Step2

レイヤーパネルで上から二番目のテキストレイヤーを選択します。境界線パネルから幅を「10pt」にし、「塗り」を白色、「境界線」を赤色に変更します。

Step3

レイヤーパネルで上から三番目のテキストレイヤーを選択します。境界線パネルから幅を「15pt」にし、「塗り」を赤色、「境界線」を白色に変更します。

Step4

最後にレイヤーパネルの一番下のテキストレイヤーを選択し、境界線パネルから幅を「20pt」にし、「塗り」を白色、「境界線」を赤色に変更します。これで完成です。

テキストレイヤーはアピアランスに制約があるため、複雑な形を作るにはレイヤーをコピーして重ねて利用することを覚えておきましょう。

LESSON 5

レイヤーエフェクトで温かみのある文字を作る

テキストにレイヤーエフェクトを使うことで、光を加えることができます。
外側の光彩と外側のシャドウを組み合わせ、温かい印象の文字を作りましょう。

温かく光る文字を作る

境界線と塗りだけだと文字の表現に限りがあります。レイヤーエフェクトを加えて、温かみのある光を加えた文字表現にしていきましょう。今回の作業も Affinity Designer で行います。

テキストに境界線を設定しベースのテキストを作る

Step1

まずは「アーティスティックテキストツール」を使い、ベースとなるテキストを入力します。サイズは「64pt」にしました。

Step2

色を変更します。「塗り」を赤から黄色に変化するグラデーションに指定し、「境界線」を白色に変更します。併せて境界線パネルを開き幅を「10pt」に指定し、順序の「境界線を後方に描画します」を行い、白い線で縁取りするようにします。

レイヤーエフェクトで温かい光の設定をする

Step1

テキストを光らせるレイヤーエフェクトを設定していきましょう。レイヤーパネル下部にあるレイヤーエフェクトボタンを押し『レイヤーエフェクト』ダイアログを表示させます。

Step2

『外側の光彩』のチェックを入れ、描画モード『標準』、不透明度を『100%』、半径『10px』、強度『50%』、カラーを『赤色』に指定します。縁取りにそって赤の光が入ります。

Step3

より光っている雰囲気を出すため、柔らかい光を加えます。『外側のシャドウ』のチェックを入れ、描画モード『標準』、不透明度を『50%』、半径『40px』、オフセット『0px』、強度『20%』、カラーを『オレンジ』に指定します。柔らかい光が加わり、より光っているテキストに変わりました。

レイヤーエフェクトを使うことで通常の塗りや線以外の表現を加えることができます。そして組み合わせることで面白いグラフィックを作ることができます。

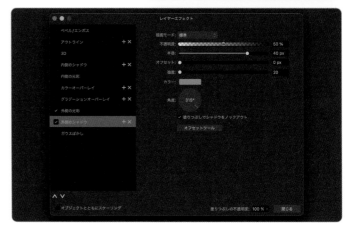

LESSON

6

マスク機能で色を強調した写真を作る

マスクは画像の一部を非表示にする以外に、調整機能の効果範囲についても利用できます。
今回は調整の白黒機能に対しマスクをかけることで、色を強調した写真を作りましょう。

一部だけカラーにした写真を作る

　白黒写真の一部だけをカラーにすることで、印
象の強いインパクトのある写真に変えることがで
きます。ここでは白黒写真の作り方とその一部を
マスクすることでカラーに戻す方法を覚えていき
ましょう。今回の作業は写真の補正のため Affinity
Photo で行います。

写真を用意し調整機能でモノクロの写真に変える

Step1

まずはベースとなる写真を用意して
いきましょう。メニューバーにある
「ファイル」→「配置」を選択し、加
工元になる写真を選択します。

Step2

写真を白黒に変換します。「新規調整
レイヤー」→「白黒」を選びます。
白黒ダイアログからカラー分布の設
定ができますが、今回はそのまま利
用するのでダイアログは閉じましょ
う。写真が白黒に変わります。

131

Step1

調整機能をマスクすることで、写真
の一部だけ白黒からカラーに戻す作
業を行っていきます。「ペイントブラ
シツール」を選択し、カラーを「黒」
にしておきます。

Step2

レイヤーパネルから「白黒調整レイ
ヤー」を選択します。

Step3

この状態でドキュメントに配置して
いる写真から、カラーに戻したい箇
所をブラシツールで描いていきます。
ブラシで描いた部分がマスクされ、
塗った部分だけカラーに戻ります。
今回は猫の目の箇所だけカラーに戻
します。

Step4

この作業を繰り返すことで、写真の
特定の箇所だけカラーにすることが
できます。写真の中で魅力のある部
分がより強調され、インパクトのあ
る写真へと補正できます。

LESSON 7

調整＋フィルター機能でレトロな写真を作る

調整とフィルターを組み合わせることで、写真のイメージに演出を加え、
レトロなイメージの写真を作っていきましょう。

レトロな写真を作る

　調整やフィルター機能で、通常の写真にはない不思議な色味に変化させることができます。ここでは調整機能とフィルター機能を組み合わせレトロな写真に変化させます。今回の作業は写真の補正のため Affinity Photo で行います。

写真を用意し調整機能で寒色にする

Step 1

まずはベースとなる写真を用意していきましょう。メニューバーにある「ファイル」→「配置」を選択し、加工元になる写真を選択します。

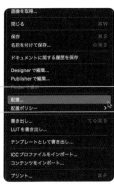

Step 2

レトロ風に変えるため色味を抑えていきます。「新規調整レイヤー」→「自然な彩度」を選び、自然な彩度「-25%」、彩度「-10%」を指定します。彩度が弱くなり色味が減ります。

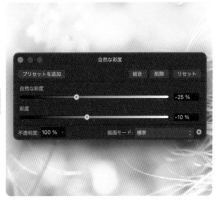

Step3

『新規調整レイヤー』→『カラーバラ
ンス調整』を選び、中間調のパラメ
ーターのシアン/赤を『-100%』、マ
ゼンタ/緑を『100%』、黄/青を
『100%』に指定します。写真全体が
青緑の寒色に変わります。

ノイズとビネットを追加してレトロにする

Step1

フィルター機能を利用していきま
す。『新規ライブフィルターレイヤ
ー』→『ノイズ』→『ノイズを追加』
を選び、強度『20%』、『ガウス』を
指定し、モノクロにチェックを入れ
ます。写真にノイズが加わり、より
古い写真のイメージに近づきました。

Step2

最後にビネットを追加しフレームの
光を抑えていきましょう。『新規ライ
ブフィルターレイヤー』→『カラー』
→『ビネット』を選び、露出『-3』、
硬さ『75%』、スケール『100%』、シ
ェイプ『100%』を指定します。周
辺光量が落ちレトロ感が増し完成と
なりました。

パラメーターを変更するだけでもま
た違う雰囲気のある写真に変化でき
るので試してみてください。

Chapter 13

実践
レイアウトをしよう

ここまでのレッスンを踏まえ、デザインを作ってみましょう。
ここではYouTubeのサムネイルやポスター制作などのレイアウトを通じて、Affinityの知識を深めていきましょう。

LESSON

1

動画のサムネイルを作る

人の目を引くキャッチーなサムネイルを用意すると、動画の魅力に繋がります。
Affinityの操作を通して、動画のサムネイルを作りましょう。

サムネイルを作る

　ここからは具体的な手順を踏まえて、デザインの制作を行っていきましょう。操作自体はこれまでに解説したものの組み合わせになります。まずは手順通り進めつつ、自分なりのアレンジを試してもらえればと思います。

　最初はYouTubeなどで使えるサムネイル画像を作っていきます。

ベースのドキュメントを作る

Step1

まずはAffinity Photoを起動し新規ドキュメントを作りましょう。ドキュメントのサイズをページ幅「1280px」、ページ高さ「720px」に指定します。

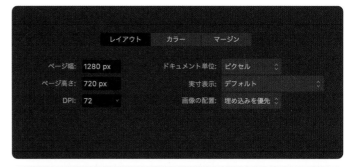

Step2

モニターで表示するため、カラーフォーマットは「RGB/8」、カラープロファイルを「sRGB IEC61966-2.1」に指定してください。こちらで「作成」ボタンを押しドキュメントを作ります。

写真を準備する

Step 1

写真を準備していきましょう。今回はAffinityのチュートリアル動画という想定です。イメージ画像とタブレットPCのモックアップ画像を、ストックフォトから用意しました。

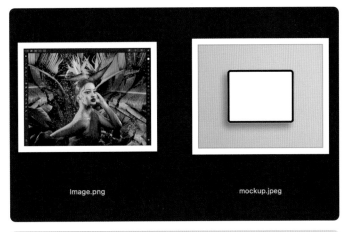

Step 2

「ファイル」→「配置」を選択し、該当のタブレットPCの画像を指定します。ドキュメントに写真が読み込まれるので、適切なサイズに拡大・縮小して配置します。

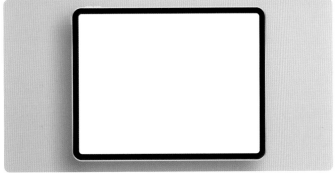

Step 3

モックアップ画像のPC画面をイメージ画像に差し替えるため、画面部分をマスクします。「自動選択ツール」で画面の部分をクリックし、選択範囲を作った状態でレイヤーパネルにあるマスクボタンから「マスクレイヤー」を選択します。

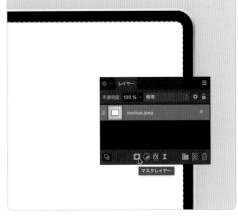

Step 4

制作したマスクレイヤーを選択した状態で「レイヤー」→「反転」を選択します。

マスクの範囲が反転し画面以外が表示されました。

Step5

続いてイメージ画像を用意しましょう。先程の操作と同様に「ファイル」→「配置」を選択し、該当のファイルを読み込みます。併せてサイズを調整し、PC画像の画面サイズに合わせておきましょう。

Step6

先程の画像をレイヤーパネルの一番下側に配置します。画面にスクリーンショットがはめ込まれ、ベースとなる画像が制作できました。

写真の色味を調整する

Step1

写真の色が強いので、少し色味を調整していきましょう。メニューバーにある「レイヤー」→「新規調整レイヤー」から「明るさ/コントラスト」を選択します。

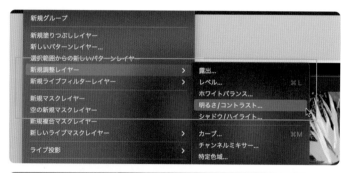

Step2

「明るさ/コントラスト」ダイアログが表示されるので、パラメーターの明るさを「-80%」、コントラストを「-100%」に指定します。画面全体が暗くなり、落ち着いた色味に変更されました。これでベースとなる写真ができあがりました。

メインタイトルを作る

Step1

Affinity Designerを使ってテキストをレイアウトしていきます。まずはメニューバーにある「ファイル」→「Designerで編集」を選択することで、ドキュメントをAffinity Designerに持っていきます。

Step2

ツールパネルから「アーティスティックテキストツール」を選択し、ドキュメント内でクリックし、テキストを入力していきます。メインのタイトルなので少し大きめのサイズを指定しておきます。

Step3

ドキュメントの中央に配置したいのでツールパネルから「行揃え」ボタンを選択し、ダイアログから水平方向に整列の「中央揃え」を選択します。テキストがドキュメントの中央に配置されます。

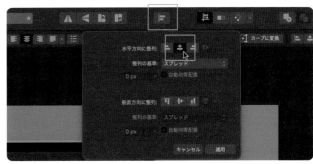

Step4

メインタイトルにアクセントを加えましょう。このテキストレイヤーを複製し、レイヤーパネルの下にあるテキストレイヤーを移動ツールで少し下に移動します。この状態でカラーの塗りつぶしを無しにし、境界線を白、幅を「1pt」にしアウトラインの文字に変えます。さらに不透明度を「20%」に変えました。立体感が生まれ、メインタイトルらしいテキスト表現に変わりました。

サブタイトルを加える

Step 1

メインタイトルに補足するテキストを加えて
情報量を増やしましょう。「吹き出し（角丸長
方形）ツール」を利用し、横「250px」、縦
「40px」、カラーは白の吹き出しを作ります。

Step 2

コンテキストツールバーから半径「0%」、テ
ールの高さ「30%」、テールの終点位置「50%」、
テールの位置「50%」、テールの幅「4%」を
指定します。

Step 3

ツールパネルから「アーティスティックテキ
ストツール」を選択し、テキストを入力し吹
き出しの中に配置します。これでメインタイ
トルの上側にサブタイトルが配置されました。

補足テキストを加える

Step 1

もう一つ動画内容の補足になるテキストを加
えましょう。「アーティスティックテキストツ
ール」を選択し、これまでと違うフォントと
サイズでテキストを入力します。

Step 2

アクセントとしてテキストの下側に線を加え
ていきます。ツールパネルから「ペンツール」
を選択し、テキストの下側にカーブを作り、
ハンドルを曲げて少し線に角度を付けます。

Step3

ブラシパネルを表示し、カテゴリーの「油彩」を選択します。「明るいグレージングの油彩03」を指定し、線のサイズを幅「24pt」、カラーを「青」に変更します。下線が仕上がり、補足テキストが強調されました。

ナンバリングを加えて完成

Step1

動画シリーズがわかるよう、別途ナンバリングを作りましょう。ツールパネルから「長方形ツール」を選択します。幅「280px」、縦「60px」、カラーを「青」にし、画面右上側に配置します。

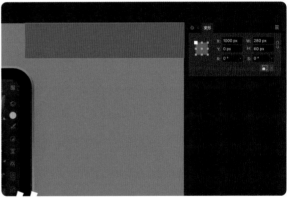

Step2

「アーティスティックテキストツール」でテキストを入力し、文字色を「白」に変更して先程の長方形の上に配置します。

Step3

最後に中央へ視線を誘導するために全体に「長方形ツール」を使い、境界線の幅「2pt」、カラーが「白」の枠を作りました。これで動画のサムネイルが完成しました。

写真とシェイプとテキストの組み合わせでデザインができあがります。写真の調整や文字のサイズなどで見た目が大きく変わりますので、試してみてください。

イベントのポスターを作る

展示会のポスターを作成します。目を引くビジュアルを作ることも大事ですが、
多くの情報を整えることも同じように大切です。テキストの優先度を考えつつまとめましょう。

ポスターを作る

続いては印刷物の制作を行っていきます。今回は、グラフィックチームの展示会のイメージで宣伝用のポスターを作るという想定でデザインをはじめます。

日付や参加クリエイターの名前をきちんと整理することと、展示会のイメージに合うグラフィックを作り整えていくことを意識していきましょう。

ベースのドキュメントを作る

Step1

まずはAffinity Designerを起動し、新規ドキュメントを作りましょう。プリセットの「Press Ready」カテゴリーから「A3」を選択し、縦向きを選択しておきましょう。

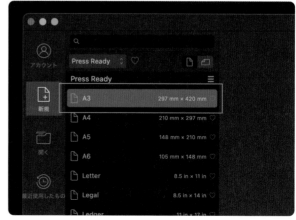

Step2

印刷物なのでカラーフォーマットは
「CMYK/8」、カラープロファイルを「Japan
Color 2001 Coated」に指定します。

Step3

裁ち落としの領域が必要なので、裁ち落とし
が各「3mm」になっているかを確認し、「作
成」ボタンを押しドキュメントを作ります。
裁ち落としとは、印刷時に生じるズレを想定
した余白になります。

背景を制作する

Step1

ツールパネルから「長方形ツール」を選択し、
裁ち落としのサイズ（303×426mm）で制作し
ます。

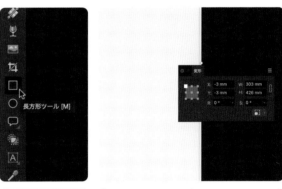

Step2

ツールパネルから「塗りつぶしツール」を選
択し、ドキュメントの下から上にかけて「灰
色」から「白」に変わるグラデーションを作
ります。

Step3

メニューバーにある「ファイル」→「Photo
で編集」を選択し、ドキュメントをAffinity
Photoに持っていきます。

Step4

背景に都市の写真を追加します。ストックフォトなどから都市のイメージ写真を用意し、「ファイル」→「配置」から該当写真を選択し、ドキュメントに読み込みます。

Step5

イラストのような雰囲気に調整していきます。写真レイヤーを選択し、「レイヤー」→「新規調整レイヤー」の中から「しきい値」を選択します。

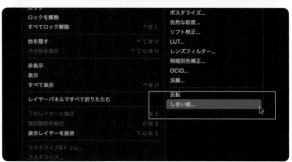

Step6

しきい値ダイアログが表示されるので、下側にあるしきい値のスライダーを操作し調整します。今回は「16%」に指定しました。

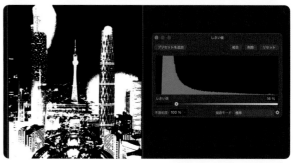

Step7

写真レイヤーのレイヤーブレンドを「覆い焼きカラー」に変更し、不透明度を「25%」にしました。これでポスターの背景が完成しました。

メインビジュアルを制作する

Step1

背景の上にメインビジュアルを作っていきます。まずは「アーティスティックテキストツール」でドキュメントに今回のイベントの頭文字になるAの文字を大きく表示させます。

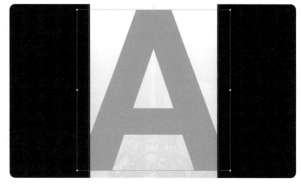

Step2

ベースとなるモデルの写真を用意し、「ファイル」→「配置」でドキュメントに読み込みます。

Step3

読み込んだ写真を「レイヤーパネル」を利用して「A」のテキストレイヤーの中に格納します。写真がAの形でマスクされます。

Step4

写真の色味を整え、イメージに合わせましょう。写真レイヤーを選択し「レイヤー」→「新規調整レイヤー」から「HSL」を選択します。

Step5

HSLダイアログが表示されるので、下側にあるスライダーを操作し調整します。今回は色相のシフト「-35°」、彩度のシフト「-95%」、輝度のシフト「-3%」に指定しました。

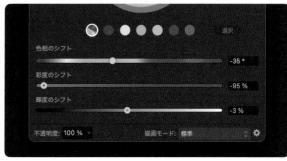

Step6

さらに色味に変化を与えていきます。長方形ツールを使い、ポスターの横幅が半分になるような長方形を作り、写真に重なるようにレイヤーパネルの順番を入れ替えます。色はオレンジ色を指定します。

Step7

レイヤーパネルからレイヤーブレンドを「焼き込みカラー」に変えます。色味が追加されビジュアルが完成しました。

Step1

ここからは「Affinity Designer」を使ってテキストをレイアウトしていきます。まずはメニューバーにある「ファイル」→「Designerで編集」を選択することで、ドキュメントをAffinity Designerに持っていきます。

Step2

「アーティスティックテキストツール」を使い日付を作っていきます。年・月・日をバラバラに作り、日付を強調するようにサイズに大小を付けておきます。フォントは太めのゴシック体を選択し、はっきりした印象にします。

Step3

「ペンツール」を使い、幅「2pt」の斜め線を二本、横線を一本作ります。先程作った日付テキストと組み合わせていきます。日付が完成したらグループ化をし、「行揃え」から「水平方向に整列」を選び中央に配置します。

Step4

日付の下に会場情報を加え、「行揃え」から「水平方向に整列」を選び中央に配置しておきます。

Step5

同様にタイトルやゲスト情報、協賛情報などのテキストを「アーティスティックテキストツール」を使い入力していきます。情報ごとにサイズやフォントのウエイトを変更することで、リズム感を付けていきます。

エフェクトを加える

Step1

ここからはポスターに演出を加えるエフェクトを追加していきます。ツールパネルから「三角形ツール」を使い、ポスター全体にかかるよう大きな三角形を作ります。

Step2

ツールパネルから「コーナーツール」を選択し、三角形の全ノードを選択します。コンテキストツールバーの半径のスライドを「4mm」に設定し、角丸の三角形に変えます。

Step3

カラーの塗りを「無し」、境界線を「白」に指定し、幅を「5pt」にします。そしてレイヤーブレンドを「オーバーレイ」に変更します。

Step4

光の効果を加えたいのでレイヤーエフェクトを開き「外側の光彩」にチェックを入れます。描画モードを「オーバーレイ」、不透明度を「100%」、半径を「100px」、カラーを「白」に指定します。これで三角形の光エフェクトができあがりました。

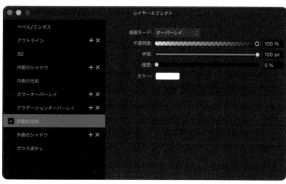

Step5

最後に、ブラシツールでスプレー加工をメインビジュアルの顔にかからないよう全体に加えて完成としました。

他にもブラシツールでポスターを塗ったり、オブジェクトを増やして情報量を増やすなど、色んなアレンジができますので試してみてください。

記録を残すフォトブックを作る

フォトブックを作成しましょう。一つ一つ画像を配置していくと時間がかかりますが、
Affinity Publisher の自動配置機能を使うことで、効率よくレイアウトができます。

フォトブックを作る

　ここからは Affinity Publisher をメインに、本の作り方の流れを覚えていきましょう。今回は自分の思い出の写真をまとめたフォトブックを作ります。

　フォトブックはたくさんの写真を利用するので、一枚一枚写真を読み込み配置するのは手間がかかります。Affinity Publisher のマスターページと自動配置を覚えて効率を上げましょう。

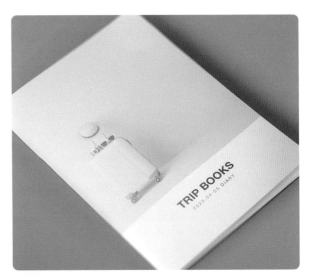

ベースのドキュメントを作る

Step1

Affinity Publisher を起動し新規ドキュメントを作りましょう。ドキュメントのプリセット「Press Ready」にある「B5」の縦を指定します。サイズが日本の規格と違うため、ページ幅は「182mm」、ページ高さは「257mm」、DPI を「350」に変更します。

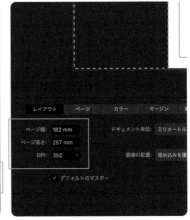

Step2

ページタブを開き、見開きページにチェックを入れ、重ね順を「水平方向」、開始を「右」、ページ数を「12」で指定します。カラータブを開き、カラーフォーマットを「CMYK/8」、カラープロファイルを「Japan Color 2001 Coated」に指定します。

Step 3

マージンタブを開きます。「マージンを含める」にチェックを入れ、すべてのマージンを「8mm」に指定します。最後に裁ち落としを「3mm」に指定し、作成ボタンを押します。

表紙を制作する

Step 1

Affinity Publisher の制作の流れをつかむため表紙を作っていきます。

まずはツールパネルから「ピクチャフレーム長方形ツール」を選択し、横「188mm」、縦「192mm」のピクチャフレームを作ります。

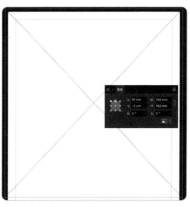

Step 2

コンテキストツールバーから「画像の置換」ボタンを押し、表紙で使いたい写真を選択します。画像がドキュメントに読み込まれますので、スライダーとカーソルを使いトリミングを行います。

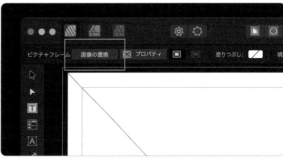

Step 3

「アーティスティックテキストツール」を使い本の表紙タイトルを入力します。先程配置した表紙画像の下にタイトルを持っていきます。最後にツールバーにある「行揃え」ボタンから水平方向に整列の「中央揃え」を押し、ドキュメントの中央にタイトルを配置します。

マスターページを作る

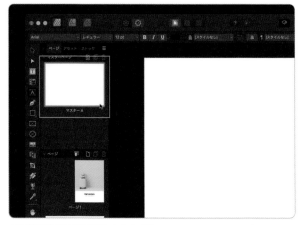

Step1

すべてのページに写真やテキストを入れていきます。効率を上げるために、同じような要素を全ページに適用するためのマスターページを作りましょう。ページパネル上部にある「マスターA」のページをダブルクリックしてマスターページに切り替えます。

Step2

ページに一枚ずつ写真が表示されるようにレイアウトをしましょう。表紙と同様にツールパネルから「ピクチャフレーム長方形ツール」を選択し、マージンに吸着する形で横「166mm」、縦「218mm」のピクチャフレームを作ります。

Step3

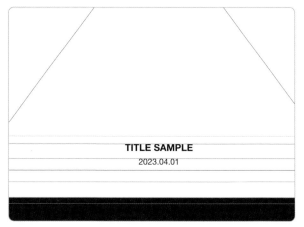

ピクチャフレームの下には写真のタイトルと撮影した日付を入れましょう。「フレームテキストツール」でマージン幅いっぱいになるようテキストフレームを作り、仮のタイトルと日付を入力します。段落は「中央揃え」にしておきましょう。また「行揃え」ボタンでドキュメントの水平方向に整列もしておきましょう。

Step4

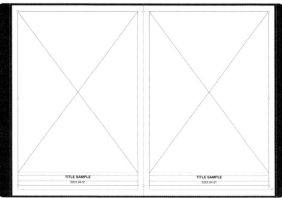

ピクチャフレーム長方形ツールで作ったフレームと、タイトル・日付のテキストレイヤーを「グループ化」し、グループを複製して右のページにも同じものを配置しておきます。

自動ページ番号を追加する

Step1

マスターページに自動ページ番号を追加して
ページ数がわかるように設定しておきましょ
う。「アーティスティックテキストツール」で
ページ番号を仮で作り、段落を左揃えにして
マスターページに配置します。

Step2

テキストを選択した状態で、メニューバーに
ある「テキスト」→「挿入」→「フィールド」
→「ページ番号」を選択します。先程作った
ページ番号が「#」の記号に変わります。

Step3

このレイヤーを複製して右のページにも配置
しましょう。このときに段落を「右揃え」に
変更しておきます。このマスターページを通
常のページに適用させることで、ページ番号
を自動で入力してくれます。

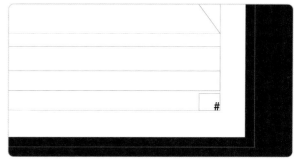

別のマスターページを作る

Step1

このままでもいいのですがレイアウトが単調
になるので、写真のレイアウトを変えた別の
マスターページも作りましょう。まずは先程
作ったマスターページをページパネルから右
クリックで選択し、「複製」をします。

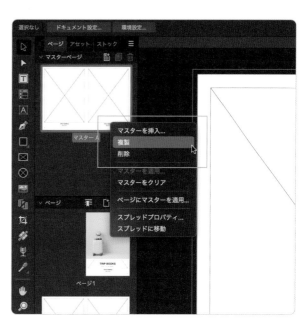

Step2

複製したマスターページの「マスターB」を
ページパネルからダブルクリックし、ドキュ
メントに表示させます。

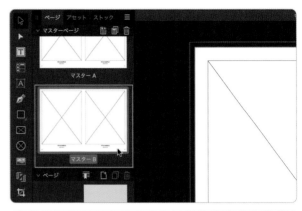

Step3

レイアウトを調整していきます。写真の高さ
を狭めて、1Pごとに2枚ずつ写真を配置する
レイアウトに変えていきましょう。まずはピ
クチャフレームの縦幅を縮小し、縦「96mm」
にします。

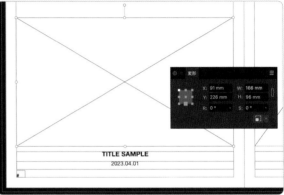

Step4

ピクチャフレームとテキストのグループを複
製し、上のマージンに吸着するようにオブジ
ェクトを配置します。

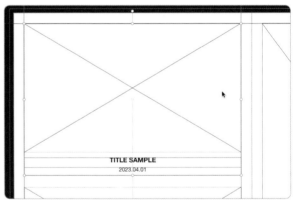

Step5

同様のグループを右ページにも配置していき
ます。これで見開きで合計4枚の写真が配置
できるマスターページが完成しました。

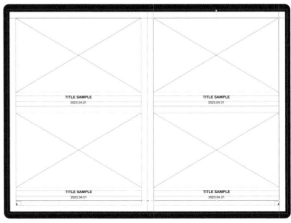

マスターページを適用する

Step1

これまでに作ったマスターページを通常のページに適用していきます。ページパネルにある任意のページデータを右クリックし「マスターを適用」を選択します。

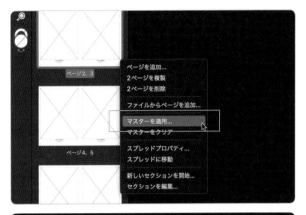

Step2

マスターを適用ダイアログが表示されます。「指定されたページ」のラジオボタンを押し、適用させるページを指定します。カンマで区切るとページごとに、ハイフンで区切ると指定の間のページがすべて指定したマスターになります。設定できたら「OK」を押し、マスターAが特定のページに適用されます。

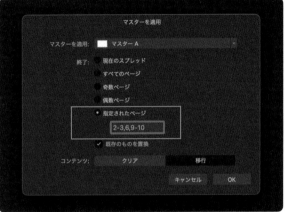

Step3

同様にマスターBのページも適用していきます。偶数ページはマスターA、奇数ページはマスターBのような規則的な配置よりも、少しランダム性を設けたほうが本にリズムが生まれます。

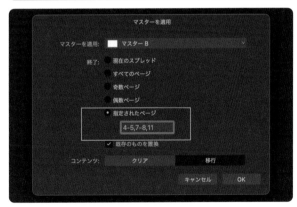

Step4

ページを確認すると、マスターページに指定したピクチャフレームやタイトルがページに適用されます。自動ページ番号も記号表示だったものがページ番号に合わせて数字に変化しています。

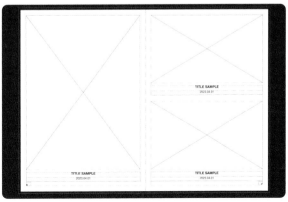

画像を自動配置する

Step 1

ページに作られたピクチャフレームに、写真を自動配置で一気に配置していきます。まずはメニューバーにある「ファイル」→「配置」を選択します。

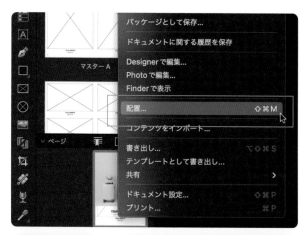

Step 2

ダイアログが表示されるので、フォトブックにレイアウトする画像を「まとめて選択」して開くボタンを押します。

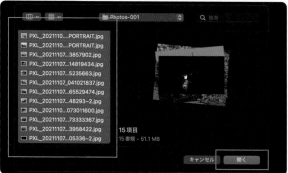

Step 3

画像が読み込まれ「画像を配置」パネルが表示されます。このパネルの写真をすべて選択し、2ページ目にあるピクチャフレームを選択します。

Step 4

画像がピクチャフレームのルールに沿って、全ページに自動配置されます。それぞれのピクチャフレームに配置された画像を選択すると、トリミング位置やズーム具合を変えられるので、調整していきましょう。画像を入れ替えたい場合は、P.090を参照して下さい。

テキストを変更する

Step1

写真下に配置した、仮のタイトルと日付になっている箇所を修正していきましょう。「フレームテキストツール」を選択し、ページごとに配置されている仮テキストをクリックすると、通常のテキストレイヤーと同様に変更が可能です。

Step2

仮で入れていたタイトルと日付を修正したら、本文が完成です。

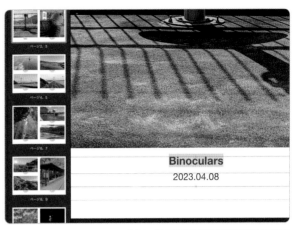

裏表紙を作る

Step1

最後に裏表紙を作りましょう。マスターページが適用されているのでページパネルを右クリックし「マスターをクリア」を選択しクリアします。

Step2

「ピクチャフレーム楕円ツール」を並べ、使用した写真を同様に自動配置し、最後に下にタイトルをアーティスティックテキストツールで入力し、フォトブックの完成です。

マスターページを利用することで手順を簡略化して本を作ることができました。

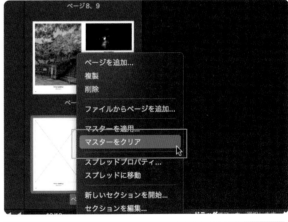

ダウンロード特典について

本書の特典として、ショートカットキーの早見表とプリントフォーマットを用意しました。
右ページ記載のURLからデータをダウンロードしてご利用いただけます。

ショートカットキーの早見表

Affinity Designer / Photo / Publisher ショートカット早見表

操作を効率よく進めるためのキーボードショートカットキーの早見表です。PDFデータになります。
Affinity Designerのデザイナー・ピクセルペルソナ二種と、Photo・Publisherそれぞれの4種同梱しています。
Mac用の表記となっているため、Windowsキーボードの場合は、command を Ctrl 、option を Alt に置き換えてご
利用ください。

Affinity Designer デザイナーペルソナショートカット

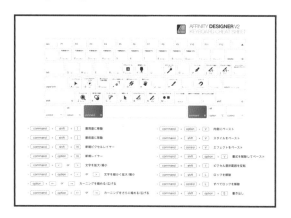

Affinity Designer ピクセルペルソナショートカット

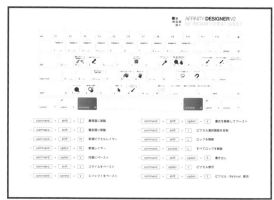

Affinity Photo ショートカット

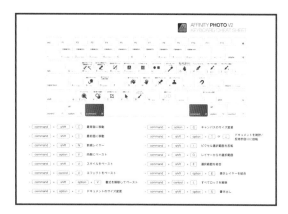

Affinity Publisher ショートカット

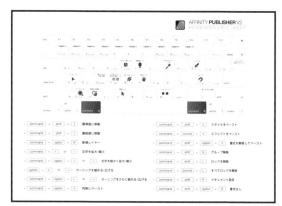

プリントフォーマット

プリントフォーマット（日本の印刷環境対応）2種類

「Affinity Designer」の印刷フォーマット素材です。それぞれのアートボードにガイドとトンボが指定してあるので、制作したい用紙サイズを選び、次ページによる手順で完成データをPDFで書き出すことで、印刷所へスムーズに入稿できます。Affinity Designer のバージョン違いで2種同梱しているので、使用している Affinity Designer に合わせてファイルを選択してください。

プリントフォーマット（縦）

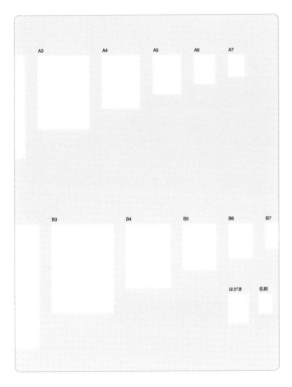

プリントフォーマット（横）

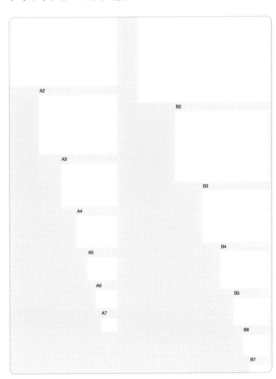

ダウンロードページ　→　http://www.bnn.co.jp/dl/affinity/

【使用上の注意】

● 本データは、本書購入者のみご利用になれます。

● データの著作権は作者にあります。

● データの複製販売、転載、添付など営利目的で使用すること、
　また非営利で配布すること、インターネットへのアップなどを禁じます。

● 本ダウンロードページURLに直接リンクをすることを禁じます。

● データに修正等があった場合には予告なく内容を変更する可能性がございます。

プリントフォーマットについて

本書特典のプリントフォーマットを利用して、
印刷所に送るための入稿データを書き出すワークフローについて紹介します。

プリントフォーマットでデザインを制作する

「プリントフォーマット」を利用した制作フローを紹介します。まずは自分が完成したいサイズを選びましょう。ここでは例として、Chapter 13で制作した「A3の縦型ポスター」の印刷データを作ります。縦型なのでプリントデータの「print_templates_tate.afdesign」をAffinity Designerで開きます。

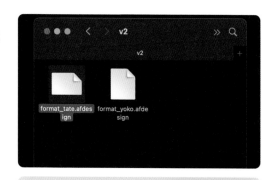

このデータの中から該当するサイズ、今回の場合はA3のアートボードを選択してください。残りのアートボードは使わないので消してもらって構いません。続いて新規にレイヤーを作り、その中に制作したポスターのデザインデータを配置します。ここまで作業が終わったら別ファイルとして保存しておきましょう。

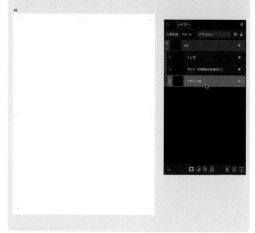

1 「print_templates_tate.afdesign」ファイルを開きます。

2 レイヤーパネルから「A3」のアートボード以外を消去します。

3 レイヤーパネルに新規レイヤーを作成します。名称を管理しやすい名前に変えておきます。

4 メニューバーの「ファイル」→「配置」を選択し、制作したポスターのデータを読み込みます。

5 データが外側のガイドに吸着するように配置します。ここまで作業ができたら保存をして、印刷データが完成します。

PDFで印刷データを書き出す

データが完成したら、印刷所へ送るための入稿用データを作成します。入稿データ形式については事前に各印刷所でチェックしておくと安心です。今回は印刷所の入稿で標準的な形式の「PDF/X-1a」形式でデータを作ります。

1 メニューバーの「ファイル」→「書き出し」を選択します。

2 書き出しのメニューを選択し、フォーマットから「PDF」を選択します。

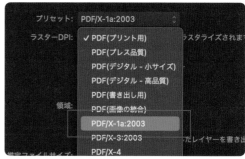

3 プリセットの項目から「PDF/X-1a:2003」を選択し、ラスターDPIを「350」に指定します。

4 書き出しの領域を用紙サイズのアートボードに合わせます。今回は「A3」を選択します。

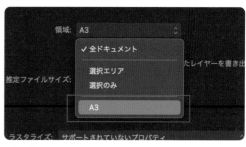

5 「完了時に書き出しをプレビュー」の項目にチェックを入れ、右下にある「書き出し」ボタンを押します。保存先を指定して完成しました。

データをチェックする

先程のダイアログで「完了時に書き出しをプレビュー」にチェックを入れておくと、自動的に書き出し後PDFファイルがプレビュー表示されます。書き出した内容が問題ないか最終チェックをしてください。正しくトンボが書き出されているか、印刷データが裁ち落としの領域まで作られているか、ガイドレイヤーが非表示・あるいは削除されているかについて確認します。

全て問題がないかチェックが終われば、このデータを印刷所に提出して完了です。

著者紹介　堀江ヒデアキ

グラフィックデザイナー。複数社を経て2011年よりフリーランスとして活動を開始。エンターテイメントコンテンツのアートディレクション・デザイン業務に携わる傍らAffinityに関する情報を個人のTwitterを通じて配信し、技術書オンリーイベント「技術書典」にてAffinity解説本「Affinity Suite」をこれまで3冊刊行。「刺され！技術書アワード」にて「ニュースタンダード部門」を受賞。

Twitter：https://twitter.com/petitbrain
ホームページ：http://www.petitbrain.com/

装丁：西垂水敦（krran）
装画：Satoshi Ogawa
本文デザイン：堀江ヒデアキ／山内俊幸（Wimdac Studio）
編集：三富 仁

Affinity の教科書 ［V2対応］

2023年6月15日　初版第1刷発行

著者：堀江ヒデアキ

発行人：上原哲郎
発行所：株式会社ビー・エヌ・エヌ
　　　　〒150-0022　東京都渋谷区恵比寿南一丁目20番6号
　　　　fax: 03-5725-1511　E-mail: info@bnn.co.jp
　　　　URL: www.bnn.co.jp

印刷・製本：シナノ印刷株式会社

©Hideaki Horie
Printed in Japan
ISBN 978-4-8025-1123-0